距离·也是一种考验，为了看看梦想到底有多远

海岸·地球另一端的风景

成长 · 某种外在认可的见证

努力 · 一种奋斗不止的精神

野性 · 你看不到的中西部家庭

纽约 · 没有预约的旅程

记忆 · 邂逅街角咖啡店的友谊

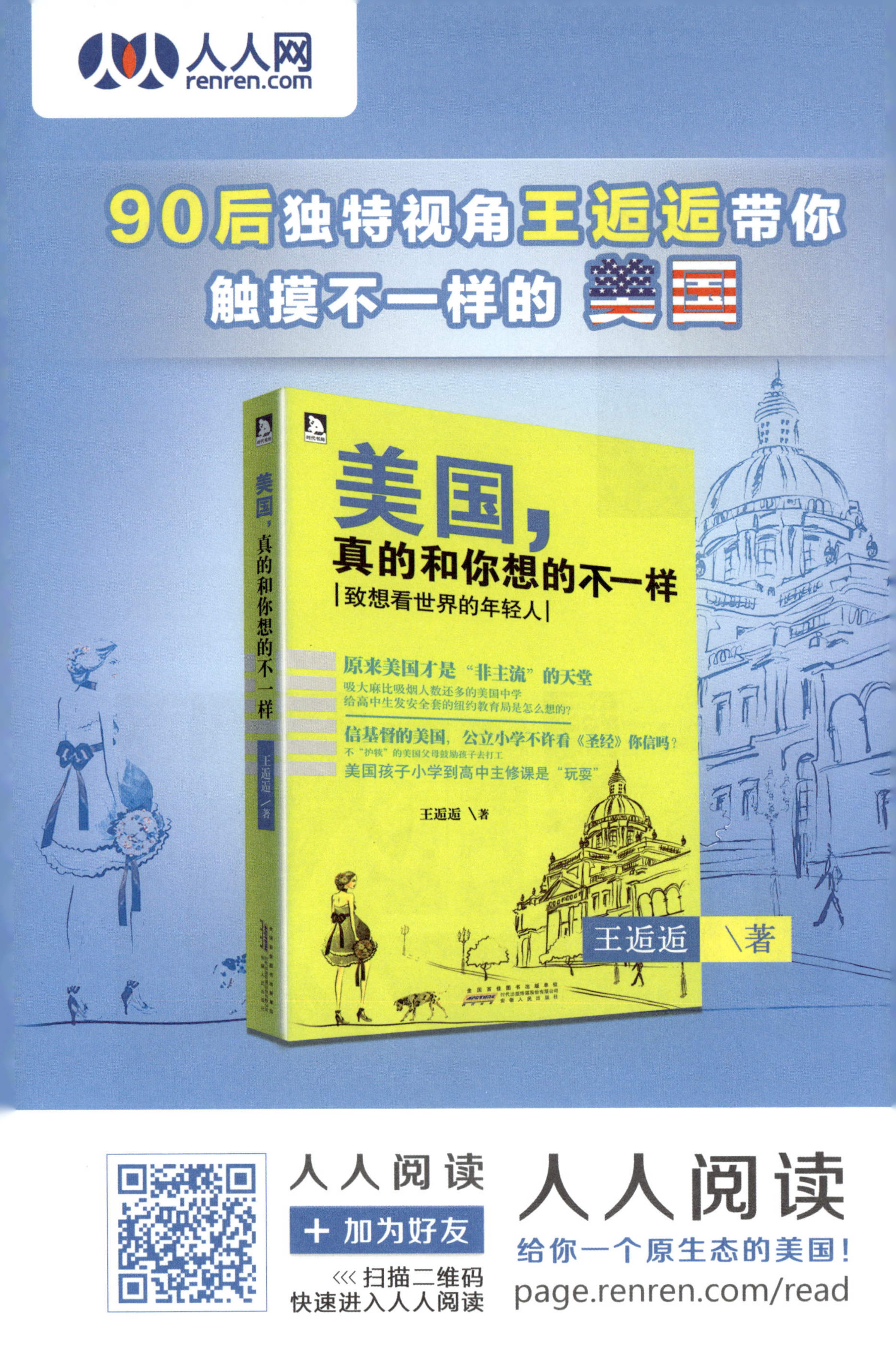

美国，真的和你想的不一样

王逅逅 \著

全国百佳图书出版单位
APGTIME 时代出版 时代出版传媒股份有限公司
安徽人民出版社

图书在版编目（CIP）数据

美国，真的和你想的不一样 / 王逅逅著 . —合肥 : 安徽人民出版社 , 2013.1
ISBN 978-7-212-06249-1

Ⅰ . ①美… Ⅱ . ①王… Ⅲ . ①人生观－研究－美国 ②生活方式－研究－美国
Ⅳ . ① B821 ② D771.28

中国版本图书馆 CIP 数据核字 (2013) 第 001312 号

美国，真的和你想的不一样

作　　者 | 王逅逅
出 版 人 | 胡正义
选题策划 | 王肖荣
责任编辑 | 杨迎会　王肖荣
责任校对 | 王肖荣
责任印制 | 范玉洁
营销推广 | 赵　旭
装帧设计 | 尚书坊　赵芝英

出　　版 | 时代出版传媒股份有限公司　http://www.press-mart.com
安徽人民出版社　http://www.ahpeople.com
合肥市政务文化新区翡翠路 1118 号出版传媒广场 8 楼
邮编：230071
发　　行 | 北京时代华文书局有限公司
北京市东城区安定门外大街 138 号皇城国际大厦 A 座 8 楼
邮编：100011　电话：010 - 64267120　010 - 64267397
印　　刷 | 北京正合鼎业印刷技术有限公司　电话：010-61256142
（如发现印装质量问题，影响阅读，请与印刷厂联系调换）

开　　本 | 787×1092　1/16
印　　张 | 17
字　　数 | 173 千字
版　　次 | 2013 年 4 月第 1 版　　2013 年 4 月第 1 次印刷
书　　号 | ISBN 978-7-212-06249-1
定　　价 | 28. 80 元

目　录

CONTENTS

第一篇　走到地球另一端

第二篇　囧在美国

第三篇　不值钱的原则

第四篇 越走，越遇不到的美国

第五篇 越近，越难读懂的美国人

第六篇 中国人有多焦虑？

代序一：邂逅

邂逅一个人，是谓有情；

邂逅一本书，是谓有意。

上午十二点刚刚结束一个会，下午一点半还有一个会接着。我和逅逅的第一次见面就这样见缝插针地安排在了午餐时间，当时，她还是一个大一学生，刚从美国回来，暑假期间来电视台实习。

窗外烈日当头，人流如织，我们在屋里倒是隔绝了喧闹，沉心静气下来。“老师好，这是我高中时写的书。”逅逅毕恭毕敬递给我一本书——《体验美国中学教育》，表情既自信又羞涩。一个九零后，的确后生可畏啊！一个月的实习转眼即逝，逅逅的表现无可挑剔，甚至是超乎我的预期。

她首先是个有思想的倾听者，会在你说话时，捕捉到有趣的话头、新锐的观点、感人的故事，一一记录下来，再加以自己的分析判断，为写作积累素材。她还是个生活丰富又能严格自律的人，电视台实习工作、开公司、办网站、接待世界各地的朋友到访北京……每天都像踩着风火轮，但她仍旧能够沉下心来，坚持每天清晨六点起床，开始至少一小时的写作，然后再是上学、实习或是其他事。她更是个知行合一的佼佼者，当看到她顶着重感冒还在翻译节目稿件，一地鼻涕纸映衬着执拗的表情时，我脑海里怎能不浮现出她在书中描绘的雪中转学的画面，她不是写得煽情，而是做得决绝，她不是写一套做一套，而是内心纯净、用生命写作的人。

半年后，一本新书即将面世，逅逅随意发给我了几个章节，让我不忍释卷。

我爱她的精神。是“天下大同”还是“天下大不同”？没有一个绝对的答案。你中有我，我中有你，似是而非，似非而是。因为没有绝对的答案，我们就像登山的人，从不同的路径无限接近顶峰，却永远无法到达神的领地。生命的目的不在于一个结果，生命的玄机就在于不断地求索！逅逅做到了，她勇敢往前走，打开一扇扇窗，悠然欣赏陌生的风景；她推开一道道门，从容探寻门后隐藏的秘密。最终，她打开了自己，与她所看到的风景融为了一体。拥抱了不同，却成就了大同，我为这种精神所折服。

我爱她的气质。虽然字里行间还透着些许的青涩，但女性独有的温婉气质已露端倪。我不禁想起林徽因的一句话：“温柔要有，但不是妥协，我们要在安静中，不慌不忙地坚强。”逅逅的文字就流淌出这样一种优雅：细腻却不絮叨，动情却不伤情。一个个异乡求学的故事，活泼泼呈现在我们眼前，没有多余的情感宣泄，体现了一种内在的控制，是作家的心力体现。书中描写的重庆楼的奶奶，重逢后的擦肩而过，几度欲言又止的纠结，展现出一个女孩内心成熟的过程，不疾不徐，柔中带刚。

我爱她的力量。翻开书，年轻人的朝气扑面而来，我从中读到了对未来的乐观，因为朝气就是希望。逅逅在微博里这样写道："你的学校里有世界各国后裔的学生，你从小长大的玩伴是墨西哥人，你最喜欢的餐厅是中国餐厅，你在学校里学习法语，你的老师是亚裔，你的父母是非洲裔，你家里又接待了一个从德国来的交流生……"在这样的环境下长大，一个人怎么可能不成为一个世界人？是啊，地球村、世界人，你无法抗拒的潮流趋势，但与此同时，我们发现隔膜和偏见从未消失，摩擦冲突还在升级。我们夹在两股力量之中，我们需要正能量！巴别塔修不成，因为种族不同、语言不通，何谈同心协力？中国文化的缩影是太极图，尊重差异，更强调融合。逅逅写美国，爱美国，同时通过了解美国让她更好地爱中国，如果每个年轻人都传递这样的信念，我们还用担心世界末日到来吗？

那个初次见面的中午，我问逅逅为什么取这个名字？她说父母为了纪念不期而遇的缘分，感恩邂逅。多么浪漫而深刻的寓意！于是，我把我们的相识也归结成一朝邂逅成知音，生命中还有多少不期而遇，我期待。

邂逅一个人，是谓有情；邂逅一本书，是谓有意。诸君有情，不负书香。

沈　澜

北京电视台环球大直播总导演

代序二：另一扇窗户

认识逅逅同学是在2011年。当时她刚被美国Haverford College（哈弗福德学院）录取。见面那天我们各自作为嘉宾，出席北京某重点中学的一个学生交流活动，逅逅彼时已经出版了一本《体验美国中学教育》，当场就送了我一本。后来被我那个在美国刚刚住了半年就回国的老妈拿去读了，老妈的反馈是“非常真实地写出了她在美国的感受”。这是我对逅逅的第一个鲜明印象：一个十八九岁的小姑娘能够引起六十多岁的中老年人的共鸣。

我和逅逅算是半个校友，她就读的Haverford College和我的母校Swarthmore College（斯沃斯莫尔学院）是姊妹校，后来就越发熟悉了起来。逅逅负笈美国之前，她、我，还有另一位在斯坦福读研究生的师哥，一起约定，花一年的时间各自写出一本书来。一年过去了，逅逅的新书眼看要出版了，而我和师哥还没动笔呢。一个具有极强的行动力的姑娘，这是我对逅逅的第二个印象。

惭愧于自己的行动力之余，我却也尚能够释怀，因为逅逅所做的也正是我所想要做的事情。我一直希望能够把我在美国求学前后六年中的见闻心得，与中国的年轻人分享。让希望出国留学的同学能多一个信息的渠道。而不打算出国或者暂时没有机会出国的同学，也能够对美国，特别是美国的校园文化、大学教育多一些了解。

在Swarthmore College的大学四年，是改变我一生的四年。我非常幸运地就读于这样一所Liberal Arts College（文理学院），体验到美国特有的本科博雅教育。这种教育强调个人的均衡发展，独立思考，保持对知识的好奇与开放。

我临毕业的一天，有一位已经毕业的师哥来介绍沃森奖学金。这是IBM创始沃森家族所设立的一个奖学金项目，授予应届毕业生。奖学金的要求是，获奖者去实现一个自己设计的项目，并获得一年的生活、旅行费用。唯一的要求是在一年中不能够回到自己的母国。

这个奖的初衷就是鼓励美国的青年走出国门，去目睹不同的文化与社会，开阔视野。奖学金对所做的项目没有限制。既往的申请者，有的考察亚非拉地区的麻风病历史，有的考察世界各地的养蜂传统，有的记录不同文化中儿童对星空的描述。不管你想做什么项目，你都有机会去说服基金会，去完成你自己的想法。这个奖学金的开放、自由、独立的精神，正是代表了美国博雅教育的态度，也正是我所想分享的。

分享这件事情，逅逅抢在了我前面做了。用英文来说“She beat

me to it"（她做到了）。我觉得特别有价值的是，她以一个在校学生的身份，从一个刚步入校园的年轻人的视角，观察美国校园，乃至美国社会的方方面面。她所捕捉到的细节，想必有别于像我这样离开学校已经十年的"老一代人"所能够看到的，而或许正是国内的青年所希望了解的。

我觉得这种分享是十分必要的。就在我和逅逅见面那天的交流会上，当时我正跟一位高中同学谈到了上大学是否有必要的问题。这位同学觉得大学只是选项之一。我们谈论的正high，旁边一直监控着局势的该校年级主任走到我身后，拍拍我的肩膀，说："看来同学们对这个话题没什么兴趣，到下一个话题吧。"我当时很是诧异。事后，那个组织本活动的朋友来跟我说，校方是担心这样的话题会给同学们灌输不正确的价值观。我方省悟，原来这种话题为校方所忌讳。

我不想讨论这位年级主任是否多虑了，但是中国这种方方面面、时时处处监督，管理思想，家长式教育模式，深切反差于美国的开放，尊重每个学生是具备独立思考能力的个人。如果有机会再见那位高中同学，并且不在年级主任的犀利目光监视下的话，我想告诉他，他可以有自己的观点，并且我们可以平等地作为两个独立思考的人来讨论这个话题。我不知道中美哪种系统更好。但是我们有必要知道另一种系统的存在，并且做出自己的判断。逅逅这本书，或许可以成为我们了解另一种系统、另一个社会的一扇窗户。

何峰

斯坦福MBA　点名时间创始人

第一篇

走到地球另一端

融入美国，请相信陌生人

最近看了一个被很多人转发的视频，一个小孩滑着滑板摔倒了，一个修路大叔把他扶起来。小孩马上又去帮忙扶着一位老奶奶过马路，老奶奶过完马路，小孩离开。老奶奶看到一个姑娘找不到零钱付停车费，于是拿出零钱来帮她付。最后这样一圈下来，好事做到了最开始的修路大叔的身上，广告就此结束。

视频讲的是一个简单的道理：信任、帮助、和谐共处。

很多人最近给我发站内信、留言，想让我写一写如何和美国人成为好朋友，怎样具体地去融入美国的文化。这是一个很大的题目，我想就从“信”说起。

中国人不是不信任人，是只信任熟人。说“熟人”都有些广泛了，因为大部分人还都对最好的朋友“防着一手”，中国人真正能信的基本上只有家人。

要是被同事骗了，也就是问候问候人家老母，然后不断匿名举报私底下打游击战，什么人家走过你伸一下腿这样的伎俩，而要是被亲戚骗了，被老公骗了，被儿子骗了，那就生活一片昏暗了。

而美国人，防卫的心理比起中国人要小很多，一方面是因为社会成熟，还有就是美国人群居的观念不那么重，所以个人为集体付出少，受到他人伤害就小。比如说美国人基本上不会为家庭而牺牲朋友，该和朋友出去照样出去，该干自己喜欢的照样做，可是中国家庭就非常会互相牺牲。

一个三世同堂的大家庭里，某一个当了官，所有人都理所应当分一杯羹，如果这个官沦陷了，整个家族都得跟着遭殃。所以中国式的信任是“熟人模式”，而美国式的信任更多是“生人模式”。

好，举一个例子。周六早上我在睡觉，一个中国同学打来电话，说楼下门关了，自己没带卡，让我穿衣服下去给他开门。我第一个反应就是你敲门啊，肯定有人在里面的。他说不行。我说那你看旁边走过的人借张卡啊，他说哪儿好意思，不好麻烦美国人，和中国同学熟，所以麻烦中国同学靠谱。

那么作为一个中国人，我听到是什么想法呢？我的感觉就是，因为你跟我熟、我“方便”，所以你要麻烦我。而旁边那么多美国人走过你不借，是因为你和他们不熟，所以“不方便”。

在飞机上经常遇到的情况是，中国人无论怎么累都要自己把箱子搬到上面的行李架中，而从来不寻求陌生人的帮助。可是美国人如果自己做不了，就一定会寻求旁边人的帮助。的确，这是能够表现我们中国人勤劳勇敢、自力更生，但我认为这更说明了我们被中国这个连生存都困难的环境给吓惯了，生怕陌生人对自己怎么样。就像是小时候妈妈每天重复三遍的话“不要吃陌生人给的糖”。而我们很自然地把这种心态带到了美国。

如果想融入，想要最大程度地去感受新的文化，就要像婴孩一样，摘下你有色的眼镜去看世界。在美国文化中，和中国非常不一样的就是对陌生人、不太熟悉人的信任。

在这里我列出了以下几条，大家可以做一下尝试，说不定能够达到视频里的效果。

一、对路上的陌生人微笑

在学校里，如果迎面走来一个人，我一般都会对他（她）微笑，当然有很多人直接移开了目光，但还是会有一部分人冲你微笑。那一刻，你会感觉自己像要飞起来一样，很开心。

二、向你的美国同学寻求帮助

刚到美国的时候，我也是经常窝在屋子里，有什么事只跟中国同学说。我的“不好意思”，也“不想麻烦”我在美国的接待家庭和美国同学。

有一次考试没考好，我在屋子里待了半天，终于忍不住了出去抱着接待家庭的妹妹大哭了一场。没想到家里人非常高兴，因为他们认为这是我相信他们的表现。到了大学也是一样，中国的留学生普遍会有“不想麻烦美国人”的想法，认为我自己的事情自己解决，暴露自

你如果需要帮忙，只要真诚地去求助，美国人都是很愿意的，而且这种信任能够拉近你们的距离。

己的弱点是一件很丢人的事，但是恰恰是你向你的美国朋友求助会让他们感受到你对他们的信任。

我曾经写过半夜到我同学的寝室里去给他读诗的事，在那之后我们成了非常好的朋友。有评论说那是因为我是女生，才让此美国男生浮想联翩。首先，此人不是直男；其次，他后来跟我说，他感到最开心的是我能够把我的东西和他分享，相信他的评判，让他非常感动。所以，不要担心你的美国同学会不会嫌你“麻烦”，你如果需要帮忙，只要真诚地去求助，美国人都是很愿意提供帮助的，而且这种信任能够拉近你们的距离。

三、和陌生人讲话

我理解，这对于大多数中国学生来说是一件很难的事情，但是这恰恰也是了解美国文化最好的一种方式。而且这样做能够增加你的自信、表达能力以及与各种各样的人交流的能力。前段时间有一个北京十一中学的学弟从密歇根搭车南下，一路都是在坐陌生人的车，不仅什么都没发生，而且他还感觉收获很大。

我每次去纽约的时候绝对都会在地铁里迷路——太迷茫了！每一次都会问路人。从问路开始，很多时候我与那些陌生的路人就会有更深层次的对话。有一次和一个公司女老总一起在地铁里，投入地聊了将近一个小时，我俩边走边聊错过了三个入口，最后留了电话以后联系。在美国，不要害怕陌生人，当你坐在车上的时候和旁边的人聊聊天，和大巴司机打打招呼，找不到路的时候问一问路人，会让心情提升一大级别。

如果想在美国成功，
那么：请Do it the American way

经常在网上看到关于中国留学生在美国生活的日志，发现很多人还是没有跳出中国人的思维方式，基本上就是在说："天天受苦受累没什么，忍着，还有比你更苦逼的。"但是却没有人想："我为什么要受苦？我为什么不能过得开开心心的，我为什么不能像在中国的同学一样享受生活？我的青春时光这么美好，为什么要把自己关在图书馆里？就是因为到了另一个文化中，我就不能够拥有以前曾经有的一切了吗？"

在美国的亚洲人永远都在说社会不公平，不管多么努力学习都无法融入，不管多么努力工作美国人都比自己升值快。于是天天受苦，抱怨受苦，接着受苦。大家有没有感觉这里面有什么东西不对劲？是努力不够，还是努力方向不对？

如果你觉得自己在努力做什么，那么这件事情就不是你喜欢做的，你就肯定是在把自己装进别人的模子，而没有自然地做自己。

我不知道成功的定义是什么，难道是GPA4.0[1]、学术牛人、毕业进投行吗？我是这样一个人：If I have to do it, why not do it the fun way ？（如果我不得不做一件事，为什么我不以有趣的方式把它做好呢？）

这种人生哲学才是美国人的精神核心，他们崇尚那些玩出来的英雄，享受人生而非忍受苦逼日子的同志。

我身边总是有一大堆人。我的假期从来都被邀请到各种地方过，所有美国同学的爸妈都非常喜欢我，我们在餐桌上总能有最有趣的Talk。而事情就像滚雪球一样：你见的人越多，去的地方越多，你就越有意思，就会有越多人想见你。

而我做的每个决定都很简单。“Is it fun?”我问自己，“Yes!”然后我就背上背包去坐车了。谁也不知道下面会发生什么，这才是最有意思的生活。

我有一个在美国留学的好友，在她的身上发生了这样一件事情，有一次她和一些韩国女生捉弄一个韩国男生，把他之前说的一个笑话

[1] GPA英语全称是Grade Point Average，意思就是平均成绩点数（平均分数、平均绩点），美国的GPA满分是4分。

放在了网上。刚开始韩国男生还没什么事，可是有一个女生从中挑拨，把男生搞得非常生气，大晚上的像发了神经病一样从图书馆外面冲进来，拽着三个女生的头发就拉出去要打人，好友是其中一个。拽出去之后开始命令她们每人必须在网上道歉五十遍，如果不道歉的话就威胁她们，说她们会后悔一辈子。好友带着另外两个女生和目击的三个女生躲到了一个地下室里，六个人都在哭，吓得不得了。男生还不停地给她们发恐吓短信，威胁说要找到她们。这时候好友在慌乱中保持了理智，跑出去随便找了一个美国学生让他找来了校警。美国人和中国人不一样，他们对这种学生暴力是绝不宽容的。于是好友马上打电话叫来了警察，男生被铐走，当时就被开除了。

听到她讲到这里，我不禁为她叫好，如此临危不乱是多么难得啊！可是好友抽泣地跟我说第二天，学校里的亚洲人全都不理她了。

我很震惊，问她为什么。

好友说："因为他们都说这就是一件小事，要是我们当时写了五十遍不就没有这事了吗，他们说我毁了那个韩国男生的一生……"

好友第二天就搬出了国际学生的宿舍，因为她忍受不了所有亚洲学生的眼光。她搬进了美国学生的宿舍，所有听说此事的美国学生都说她做得非常对。

而韩国男生的父母不依不饶，给另外一个受害者打去电话："我只说一遍，赶快去改你的证词，不然你会后悔终身。"

当然，这句话也被警察记录了下来，于是这个韩国男生的父母也受到了调查。

好友告诉我，当她哭着跟警察做笔录的时候，警察一直在安慰她："不要紧，这里是美国，没有人有权利伤害你。"

这是典型的美国法制社会，在这个体制下没有人能够滥用权力去威胁他人的安全。以前在国内被吓惯了和吓怕了的亚洲人，到了美国就不应该用同种方式去对待他人。而那个韩国男生，本以为自己能够因为家里有钱就逃过一劫，可惜他错了，他在完全不同的另一个社会里，应该用美国的方式去做事。

我能够很好地融入美国社会，很大一部分原因是我保持着中国人的文化和身份，但我却用美国的方式去做事和交往。和我同住的朋友全都是外国人，可是我一直保持着吃中餐、喝茶的习惯，毫不改变自己的生活方式，但在与他们相处的时候会尊重他们的习惯。美国人一般会很尊敬你有自己的文化，但是你需要和他们解释，告诉他们你为什么这样做。而很多中国学生只是一个人在特立独行，却从不和美国人交流，这样就很容易让自己孤立出来。

美国人是最崇尚个性的民族，他们真的不在乎你学习是不是全A。在Haverford这种学术之地，你拿全A也没人理你。大家喜欢的是有趣的、不同的人。我发现我在国内做的所谓"不正经"的事情到了美国，大家都超级感兴趣。在国内，我逃过整整一天课写了一篇短篇小说，却找不到愿意为看这篇小说而拿出"宝贵的学习时间"的人。而在这里，我可以半夜走进我hall mate的房间，放起音乐，读一首我刚写的诗，他会受宠若惊，并且认为那是"The best thing ever"（最好的时刻）。在参加斯沃斯莫尔学院party的时候，我和

美国人是最崇尚个性的民族，你只需做你自己，保持你的独特性，你就会赢得尊重。在美国你想获得成功，那么do it YOUR way.

Swarthmore的人聊如何从汽车里偷汽油，他们却超级感兴趣，而且感觉很新鲜（其实我也是在芝加哥和一个朋友聊天学到的）。最典型的例子就是我最近做的一个吐槽学习的视频。超级多美国同学对于这个视频的关注度要远远大于期末考试，并且觉得这才是我真正的价值所在：Always having fun, and that's who you are and why I love you.（你总能找到有趣的点，这才是真正的你，这也是我们爱你的原因。）回想我受的这么多年的中国教育似乎都是在把大家变成同一个人，像是把每个人都放进一个模子里，然后把外面多出来的切掉。美国的教育让我意识到：我不用成为任何人而成功，做自己就行了。

想起以前爸爸告诉我的一句话："当一个人做自己的事情时，全世界都会为他让路。"就像美国精神：Do it the American way, do it FUN way, do it YOUR way!

为什么美国人要让孩子去打工？

高中时期，接待家庭里的小妹妹——十七岁的莎拉——在一家超市工作，一周起码工作要三天，工作日是从下午四点到晚上八点，周六是从早上六点到下午两点。

另一个妹妹——十六岁的克里斯汀——从刚过了十六岁生日，就到处去应聘，最后决定在家旁边的餐馆擦桌子。她的工作不太定时，经常是接到一个电话就得过去，工作到晚上餐馆关门。

我，作为这个家中最大的孩子，却是唯一拿着父母的钱花的人。可是我却从未感到不安，或者什么愧疚。

在我打算买一个新相机的时候，美国爸爸很疑惑地问我："你哪里来的钱呢？"我同样很疑惑地看着他："当然是家里给的啊！"

他故作惊讶："我说呢！你又不挣钱！"

“但是只要我达到他们的要求，我就可以花钱。”我回答。莎拉当时坐在我对面吃东西，她张开嘴，露出一个不可置信的表情。

“不公平！”她叫了起来，“我做什么事情都得用我自己的钱，凭什么……”

“哈！”爸爸挑一挑眉毛，就像抓到了她的把柄一样，“你的汽油钱是我们付的，你的学费是我们付的，你不是还想去Baylor（得克萨斯州一所基督教私立学校）上大学吗？这个钱我们难道就不出了吗？”

莎拉像一个泄了气的皮球一样软下来：“可是班上好多人的家里都给他们付学费……”

“莎拉，如果你去爱荷华州立大学我们也不会说什么，”爸爸说，“但是你又不是不知道州外上学有多贵，而你自己如果不负担一部分费用的话，我们是不会出钱帮助你的。”

莎拉没有说话，她的眼里泛起了泪花。

这种情况与我在国内看到的恰恰相反。以我自己为例吧，大部分时候是这样的：

“妈，我想要这个吉他。”我特诚恳地说。

“好好学习，进前十，我就给你买。”

“妈，我想要这个相机。”

“只要是对你的发展有利的，我们都支持，但是你得考……”

所以我从来就没有自己打工挣钱的概念，并且我认为父母现在给孩子投资是非常自然的事情。孩子在上学的时候好好学习，将来上了好大学之后，找到好工作，一下子就能挣很多倍的钱。

可是在美国，我却感觉到，不打工的我已经完完全全地被隔离在他们的世界之外了。每当周六日，我想找人出去玩的时候，大家的回复都是：

“对不起啊，我要工作啊。”

我很恼怒地问：“为什么你们的父母不给你们钱呢？”

他们一般很无奈地说：“我们上大学的钱都得自己存，他们会出一点儿，但不会付多，所以除了工作没有别的办法啊。”

但是并不是每个人都是无奈的，我的朋友科尼，每天放学后都高高兴兴地去工作——她在马场工作。

“我又能看见那些可爱的马儿了！”她开心地说。

美国的孩子非常独立，很大一部分原因就是他们从很小就开始打工，从很小就有这种经济意识。那么，美国的家长们为什么要让孩子从小就出去打工呢？我看到了这样几点原因：

一、培养与人交流、合作的能力

问过我的美国父母，为什么要让孩子出去打工。我的美国家庭还是比较富裕的，绝对不会缺少给孩子的零用钱，而据我所知，莎拉十四岁就开始在超市工作了。

我的美国爸妈认为：只有出去打工才能真正接触到社会。学校是一个同龄人的群体，而工作的地方什么样的人都有。他们认为，让孩子早日接触到不同的人，学会与他人共事是一件非常重要的事情。

的确，莎拉工作回来经常会给我们讲她的同事：辍学的女生，五十多岁的大妈，英文很差的移民，脾气很坏的老头……作为一个收银员，莎拉还得向那些劳累了一天、脾气很差的购物者绽开笑脸。

通过对我身边的同学的观察，我发现，那些没有打过工的或者是打过很短时间工的学生与那些坚持工作的学生，无论是在与人交流的能力上，还是与人合作的能力上都存在着很大的差距。比如我在Central Academy[1]的同学，她们虽然学习非常优秀，但是因为不出去打工，社交能力明显比一般的学生要差。当她们来到我家的时候几乎从不敲门，只站在外面给我发短信让我来开门，而且在第一次见到我的家人时会有一种手足无措的感觉。

可拉和可丽莎第一次来我家的时候，我很惊讶地发现是莎拉先笑着迎上去，伸出手说："你好！我是Gogo的妹妹，很高兴见到你们！"而她俩则呆呆地站在那里，不知道该说些什么。

当在Central微积分课上的朋友们来到我家参加我的聚会时，他们甚至都没有跟除了我以外的人打招呼，只是聚成一堆在地下室里聊天。而像我的妹妹们，还有我的另一些在外面打工的同学，就显得非常大方有礼。

在聚会上，一个从来不打工的Central朋友安东尼奥的对话。

克里斯汀娜："你好啊！我是克里斯汀娜！"

安东尼奥正准备从她身边走过去，忽然他愣愣地转过身来："你在跟我说话？"

[1] 得梅因市一所为高中生提供大学课程的学校，作者曾在此学校选过课。

克里斯汀娜开心地笑了："对啊！就是你啊！我没有见过你，你是Gogo在Central的朋友吗？"安东尼奥回答："对啊。"

克里斯汀娜很夸张地"哇"了一声："真棒！我听Gogo说过很多关于你们的事情，你们都好聪明啊！我在Central选过日语，那真是我最喜欢的学校了！可惜我们学校的老师不让我再选其他的课，不然咱们就可能成为同学了！"

听到这话，安东尼奥来了兴趣："真的吗？你们学校为什么不让选其他的课呢？"

然后他们聊了很长的时间。

就这样，克里斯汀娜跟我的那帮内向的Central朋友们也成为了朋友。

克里斯汀娜家里的条件非常好，学习成绩也非常不错，但她一周还要坚持工作二十个小时左右。她经常跟我提到她在工作中遇到的人。

"天啊，"有一天她来接我去商场，我一上车她就忍不住了，"你真是不知道，今天有多恐怖！"

"怎么了，"我问，"难道又有小偷不成？"

她无奈地摇摇头。

"今天这事特别奇怪，"她说，"弄得我都有些哭笑不得了，下午的时候，店里来了一个穿女人衣服的同性恋，一进来就在收银台前把裤子脱了下来！"

我震惊得说不出话来了。

一会儿之后，我哈哈大笑。

“你还笑！”她嗔怪地说，“你要是得像我一样去跟他说，让他把裤子穿上来出去的话，你就不会笑了！”

“什么！”我大吃一惊，“你还得跟他去说这种话！那……”

“你看看！这就是我的工作！不仅得叠衣服，还得干这种事……”她摇摇头，“前天有个女孩跑进来说她被强奸了，让我们带她去找警察。这种事还算好的，摊上今天这样的人，真是没办法！”

“那你不能够换一个工作吗？”我睁大了眼睛问，“这样的工作你还做！”

“喂，这好歹也是一份工作吧！”她看着我，坏坏地笑了，“总比有些人没工作好吧！”

也就是因为在外面打工，克里斯汀娜才练就了与任何人都能很好地交流的能力。在我看来，这种能力是一个高素质的人必须具备的，这种能力要从小开始培养，而最好的方法就是打工。试想，如果不是在被逼无奈的情况下，我们又怎么会去请一个变态狂走出商店呢？

我的中国家长经常跟我说，这种能力是能在以后培养的，但我的美国家长却不这样认为。他们认为，知识是什么时候都能够学习的，但是这种能力只有在小的时候培养，才能够形成一种性格。所以，在美国即使是非常有钱的家庭也会让孩子出去打工，为的就是培养孩子的这种能力。而那些真正有“书呆子”型孩子的家长，往往会一耸肩，然后很无奈地说：“他天生就这样，没办法，我早就跟他说过要找份工作，干点儿别的，他不听，我也没办法。”

二、让孩子养成理财的习惯

我的美国接待家庭认为，当孩子有了自己的收入时，他们就会对钱产生一种全新的认识，不仅能够意识到挣钱的不易，更能学会理财，从而把钱用在刀刃上。

我的妹妹莎拉在车里和包里各有一个记账本，每一笔开销都会记下来，到月底还要去一次银行，存钱取钱。

美国的家庭一般不会给孩子支付全额学费，而美国大学的学费对于一般的家庭也是相当高的，尤其是要想上名校或者是外州的学校，费用就更高。一般的美国家庭都有两三个孩子，出于公平公正的原则，家长不可能只供一个孩子上昂贵的大学。所以美国的学生基本上都要靠打工来挣取学费。

克里斯汀娜虽然出生在一个条件优越的家庭，她的父母却拒绝为她支付学费，导致她只能去爱荷华州立大学。但是她努力地工作，并且申请了许多奖学金，现在她第一年的学费已经全部攒到了，她打算在大学里继续工作，为大学出国交流学习存钱。

在美国，学生存钱是非常普遍的现象，可是作为一个十八岁的成年人，我却从未往银行中存过一分钱。我认为这种对钱的不敏感就是因为自己没有挣钱，所以对于理财也丝毫不感兴趣。而当我第一次当中文家教挣到二十美元时，我激动万分地给这二十美元照了一张相，然后将它小心地放进钱包里，生怕瞎用掉。

三、让孩子忙碌起来

有这样一句话：“最有效率的人是那些最忙碌的人。”我认为这句话非常正确。如果一天只有一项任务要完成的话，那么做一项任务的时间就会被拉长到一天；而如果一天有十项任务要做的话，那么做一项任务的时间就会大大缩短，效率就必须提高。

美国的学校相对而言要轻松得多，如果不选AP课（美国大学预科课程）的话，课程基本上没有什么难度。学生可以参加许多课外活动，但是还是会有大把的空余时间。

我的小妹妹克里斯汀，每天回家除了看电视就是发短信。所以她十六岁生日一过（一般的工作都需要十六岁以上），美国爸妈就天天催着她出去找工作。

她那段时间一直在不停地面试，最后决定去我家旁边的Applebee（苹果蜂，一家餐馆名字）当服务员。开始工作后，她的空闲时间明显少了，也不会整个晚上赖在沙发上边看电视边发短信了。每次她出去工作的时候，美国爸妈都会说一声："Work hard，have fun！"

四、培养孩子的敬业精神

在我要离开爱荷华的那天，莎拉忽然被告知她下午要工作，而我正好是五点多的飞机。莎拉非常非常想去机场送我，但她最终选择了工作，她跟美国爸妈说，在送我去机场之前，要带我去她工作的超市见她最后一面。于是我们去了，当时她正在收银，所以我们只能是简单地拥抱，互道再见。

有次春假，教堂组织去芝加哥的一所教堂做义工，我和杰西卡都参加了。莎拉因为已经预约了工作，所以没有办法去，她生了很长时间的气，但是最终还是没有告假。莎拉从来没有以任何原因缺席过工作，就算是在她刚做完手术的那个星期六，她也没有缺席过。她并不喜欢她的工作，但是她非常敬业。每个周六早上的五点多，我就能够听到她在楼下用微波炉热早餐，因为她要从早晨六点工作到下午两点。

同样的，我的朋友克里斯汀娜也是这样。在她们心中，工作永远是第一位的，而和朋友出去则是第二位的。

回国后，我的中国同学已经高考结束，很多人也想出去打工。但是经我观察，这些同学们的敬业精神比起美国朋友们要差上一大截。他们总有各种各样的理由来为自己开脱，而他们的父母竟然会帮着为自己孩子开脱！这种敬业精神，可能真的需要从小培养吧。

美国与中国相比，为孩子提供了很多很好的工作机会，我们或许不能将美国人的这一套照搬过来，但是我们不能不承认他们这样做自有他们的道理。而将这种道理灌输到对中国孩子的教育中去，才是重要的事情。

Work Hard, Party Hard.努力工作，喝得烂醉

啤酒是上帝的礼物

——本杰明·富兰克林

开学的时候，我感觉orientation（入学前的培训）太无聊，趁着课堂上没活动跑到格雷格的公寓去诉苦，他直接给我一瓶酒：“It helps.”

我跟看鬼一样看着他：“你有病吧？”

他说：“伏特加？”

那一次我认为他完全没有逻辑。我是来诉苦的你让我喝酒干吗？可是后来我发现，几乎每一次我因为各种问题难受而去找朋友诉说的时候，他们都是说：“伏特加？”就像中国人会先让你坐下，然后给

美国人经常举办各种各样的party，根据不同的主题，你应该选择不同的着装打扮。

你下一碗卧着鸡蛋的长寿面一样。

后来开了学，每周五晚上宿舍里都放起特别大声的音乐，然后女生开着门打扮，男生都在common room[1]里面举起酒杯喝shots[2]。我刚开始一直很不明白，伏特加那么烈，为什么要一口喝下去？难道有人真喜欢那个吗？为什么他们要如此急切地想要把自己灌醉？

我们宿舍在开学的时候专门举行了一个alcohol talk[3]——讨论party怎么办的会。开会的时候大家坐成一圈，每个人说自己的喝酒

[1] common room：大学里的公共休息室。

[2] shot：一种短饮。

[3] 关于饮酒的讨论。

经验，最后是十五比一，十五个人赞同每个周末喝酒，于是我们宿舍上就这样变成了“全球第一party hall”。

第一次和美国人喝酒是从高三交流回来开始的。那会儿艾丽在北京学中文，她就邀请我和她项目里的那些朋友们周末出去喝酒。第一次和他们去酒吧的时候我实在是太怂了：背着一个双肩包，穿着粉红色的夹克，白背心和牛仔裤。去的是北京有名的同性恋酒吧，一杯grasshopper[1]下肚，整个人晕晕乎乎的，走起路来也很不稳当。

这个时候我的两个好朋友山姆和尼克已经醉醺醺的了，他俩穿过恋酒吧里层层奇葩的人群，一下子就跳上了众人瞩目的钢管……然后两个人异常疯狂地开始跳起钢管舞。

我当时简直目瞪口呆了。可以想象，我一个学生妹站在一群为这两个白人男孩儿疯狂的gay（同性恋者）中间，被推来推去是多么奇怪。山姆和尼克在现实中完全不可能是这么疯狂的人，但是在酒精的作用下，他们变得什么都不在乎，特别放得开，特别快乐。

后来我明白了，美国人周五晚上出去“relax”其实就是出去喝酒，而且经常是为了喝醉而喝；为了喝得烂醉，第二天早上一起来什么都不记得而喝。每次看到他们面前四五个shot杯子，绝望一样地把刺鼻的伏特加灌进喉咙，我总感觉很好笑，然后不解地摇摇头。

似乎他们所有的“fun”就是在喝酒上。无论什么时候都是这

[1] 青草蜢，一种鸡尾酒。

对美国人来说，周五晚上喝酒是一种放松方式，你可以抛开所有的烦恼，把“生活不当回事”。

样，而且在大学里最受欢迎的人，就是那些周末喝酒party、找女生胡搞的运动员，而最不受欢迎的就是在party上非常有原则地说一句“对不起，我不喝酒”的人。

在美国的中国学生，运气好的话遇上学术型的舍友，整个周五晚上，你那个室友都会待在图书馆或者实验室里；而把人搞疯的是party型的舍友，周五晚上自己烂醉如泥不说，还会带男人或女人回来鬼哭狼嚎。

奇怪的是，这些总是喝酒party看起来生活随便的人却总是那么受欢迎，更奇怪的是，这些人在毕业以后混得都还不错，而且还会把这种喝酒的文化带到他们工作的地方——往往是投行里。

Life is my favourate drinking game.

——高盛人经典语录

可是那些去喝酒party、不甚学术的人，却偏偏在毕业之后都能找到比较不错的工作，然后似乎是“party all the way”，一辈子都是那种玩乐人生的态度。

那些美国商界、政界的风云人物，都喜欢拿着个酒杯上杂志封面，都爱爆出点大学在frat[1]里面喝酒胡搞的故事。他们大多会娶个金发（或者染的金发）的老婆，生一堆小孩儿，然后小孩在大学里也被拍到烂醉如泥的照片，依次轮回。

那么，他们为什么如此热爱酒精呢？

美国人认为，喝酒能够让他们很随意、自然、自信地表达自己想要表达的事情。曾经在美国有人做过一个调查，问他们最害怕的事情是什么。调查的结果是：1.在公众面前说话；2.死亡。

美国人和中国人一样，其实都很容易紧张，很在乎别人怎么看自己。但是由于他们的价值观倾向于那些自我、自信、随性的人，每个人都努力让自己变成那个样子。这就是很多有钱人不穿昂贵却保守的衣服，因为他们想让自己看上去“酷”，看上去“什么都不在乎”。而酒精恰好也可以帮助他们实现这个目标。酒过三巡，大家都开始口无遮拦，自信直率。可以开始“不把生活当回事”。

然后嘛，大家都醉醺醺地在一个party上，对于异性的标准就

[1] 兄弟会，美国大学的一种组织。

“唰”地一下子下降了，只要能遇上“drunk Standard”[1]的异性，大家对上眼，情投意合，就当场hook up[2]，然后一起回家。第二天早上尴尬不？后悔不？噗……这不就是喝酒的意义么？——第二天的事，第二天再说。

美剧《生活大爆炸》里的Raj，在现实生活中，他是个容易紧张羞涩，见了异性无法出声的印度小哥，但是在他的美国同伴们给他喝完酒之后，Raj在女人面前自信无比，口若悬河很有吸引力，这也代表着美国人对于酒的一种看法：让你暂时成为那个你想成为的人。

美国电影里那些致命的女人也许并没有一张完美的脸，但是大多是那些“不把生活当回事”的女孩子。就是那些头发不完美，笑起来不做作，会在周五晚上喝得烂醉和各种男人在一起的女孩子。一个典型就是美剧*Gossip Girl*里的Serena。Serena的好朋友Blair也很漂亮，但她太“端庄”，太端庄，不喝酒，总是一个一个目标地在追寻，所以男人大多对她是敬佩不是着迷。

而Serena则是一个会在感恩节前一夜在酒吧里喝得烂醉，会拿着酒瓶子跳上某人的摩托车后座的天真、随意、直率的女孩。她在醉酒之后干的那些错事，比如说和Blair的男朋友上床，在后来被她

---

[1] 喝醉了的标准。

[2] 一般指一夜情，或在party上接吻。

的情人们知道后他们不仅不生她的气，反而对她更加着迷，说："I love you for who you really are."我的一个美国朋友，他的女朋友就是一个每周出去喝酒，生活很随便的女孩儿，有一次他喝醉了，就很痛苦地跟我说："She goes out, she gets drunk...that tortures me...but...but I love that...I don't know why! The more she does it, the more I like her..."（她总是跟别的男人出去约会，喝得醉醺醺的，把我折磨的够呛……但是……我居然还是那么爱她……我也不知道这是怎么了！她越这样不着调，我竟然越爱她……）

美国人对于酒精的热爱其实是他们对一种随性的生活态度的崇尚。每个人在现实生活中都得装孙子，而只有在周五晚上的酒吧里大家才能放下面具，在酒精的作用下忘记一切。"Work Hard, Party Hard"是美国人最爱说的一句话，翻译成"努力工作，喝得烂醉"，就是说白天装孙子，晚上做自己。同时，也只有会工作、会放松的人才更加精力充沛，吸引异性，在社交圈里如鱼得水。

酒精让我们愚蠢，可谁又是生来聪明的呢？

记得出门带本书

亚洲的学生在美国学校里很牛——尤其是数理化牛气冲天。我高中时参加的那些数学比赛，台上的获奖者都是清一色的黄皮肤、黑头发，让我这个站在后面的亚洲人很无地自容。但是在我的高中里，几乎没有听说过哪个亚洲学生文学学得好。

很搞不懂我们这个以读书为荣的民族为什么现在没了读书的习惯，并且丧失了阅读的乐趣。我们中的很多人，从小到大就读课本上那么一点点东西，然后就是看看报纸翻翻八卦，这大概就算是一生的阅读了吧。

要是问起来还很理直气壮："读书有什么用？这些东西电视上都有！"、"太忙了，没时间读书。"在我看来，这是因为我们没有阅读的习惯。美国人会利用一切时间来读书：车上，飞机上，做家务的间隙，等等。美国人有各种各样的毛病，但是热爱读书这一点非常值得我们学习。

美国人读书是全民性的。从收入很高的家庭到靠救济金吃饭的家庭，都有读书的习惯。在得梅因，只有非常穷的人才会坐公车，因为每家都有车。我每天在坐公车的时候都会观察车上的人，发现大部分人都拿着书在读。

记得是刚入春的一天下午，我上车后发现钱没带够，正在窘迫时司机喊了一嗓子："谁有零钱？这个姑娘忘带钱了！"

我一转头，发现车里那些灰头土脸的流浪汉，还有那些裹着不合身的大棉袍的大妈们几乎同时抬起头来——他们手中基本上都拿着一本书！马上，一个拎着大蛇皮袋子的流浪汉打扮的人放下了手上的书，从口袋里掏出了一把硬币："来，给你。"

我感激地接过钱，忙说"谢谢！谢谢！"。他微笑着摆摆手，又坐回去看书。

他看的是一本泛黄了的《圣经》。

我不会忘记那些夏日的下午，在我跳上车，交完钱后，坐在座位上观察那些乘客。我看见，明媚的阳光透过窗外的树叶，星星点点地在那些布满皱纹的老妇人的脸上跳跃，在她们的那些打开的书页上舞动。到了该下车的时候，这些穷苦的老妇人小心地拿出书签来，夹在书里面，然后把书放进她们破旧的包里。

仿佛那一本书是什么圣物一样。

公共汽车是一个小小的社会。这里只有买不起车的穷人，还有非常少量的一些不到开车年龄的学生。得梅因是个小城，所以大家往往都认识，每次上了车，和熟人打一声招呼，乘客们就坐下拿出一本书来看。我一直认为这样做对眼睛不好，但美国人似乎压根儿就没有这种观念。

“莎拉，你这样会把眼睛看坏的。”

在我们去体育馆打扫卫生的路上，美国接待家庭里的妹妹莎拉打开了车后面的灯，在摇晃的车厢里借着那一点昏黄的灯光看书。

“谁说的，”莎拉摇头，“我一直这样看。”

我不是提倡在车内看书，但是这种抓紧一切时间读书的习惯的确令人惊叹。

当我和我的接待家庭一起在佛罗里达州的奶奶家度假的时候，一天晚饭后，奶奶忽然说想让我们全家一起玩智力游戏。我、莎拉还有克里斯汀都在房间里看小说。我们三个人都答应了，但是没有一个人动。后来还是美国妈妈过来劝我们：“奶奶好久都没有和我们在一起玩游戏了，咱们都去玩一玩吧。”

于是，我们三个人没精打采地走到外头，坐在地上开始玩那个游戏。

游戏实在是无聊，但我们也不好扰了奶奶的兴致，只有继续玩下去。

忽然，莎拉很气愤地叫了起来：“放下！把书放下！”

我抬起头来，看见接待家庭的爸爸正偷偷地把藏在沙发底下的书拿起来看。

“你们先玩你们的呗，到我了我就出牌，”爸爸嬉皮笑脸地说，“什么都不耽误。”

“不公平！”克里斯汀也叫了起来，“凭什么就你看书啊。”

这时莎拉气鼓鼓地站了起来，走进房间，还把门一摔。

“莎拉！”美国妈妈不满地叫了一声。

“莎拉走了，我也不想玩了。”克里斯汀抓住机会，马上站起身来进房间看书。

我转过身来看看美国爸爸，他已经坐在沙发上在看书了，还把身子转了过去，生怕别人又打扰他。

美国妈妈无奈地摇了摇头，马上转过头来对我说：“Gogo，咱们三个人玩吧。”

我只好点了点头，继续玩那无聊的游戏。

我非常佩服妹妹莎拉的一点就是她的读书习惯。她几乎是以每天一本书的速度在读书。她是完全离不开书的。每周末她都去图书馆借上七八本书，一周以后去还，再借新的。她在海滩上晒太阳的时候戴着墨镜看书，在超市工作的时候利用二十分钟的休息时间看书，在课间看，在等人的时候看。

我的一个非常要好的朋友克里斯汀娜，来自一个非常优越且受教育程度非常高的家庭。她的父亲斯坦福毕业，她的母亲曾经是一名记者。在她去爱荷华州立大学荣誉学生新生报到的时候，她的家人把我也带了去，好让我更了解美国的大学。

那天早上，我、克里斯汀娜和她爸爸坐在教室里听辅导员讲解——她的妈妈还在家里，下午开车过来。我记得辅导员提到了一本书，并且希望学生们在暑期看完。克里斯汀娜的爸爸当即拿出iPad，上了亚马逊网站，在一分钟之内就把实体书买了下来。他还小声地对克里斯汀娜说：“嘿，发个短信给你妈妈，告诉她我已经买下了实体书和电子书，并且已经把电子书发到她的kindle（亚马逊网站发行的电子书）上了，所以她现在就可以看了。”

这种高科技、高效率的阅读非常令我震惊！网络与电子书的普及能够节省下来多少时间啊！但是震惊之余，我还是有些不解：这是克里斯汀娜的作业，为什么她的全家都要看呢？她的家人工作都很忙，他们有时间看吗？

晚上吃饭的时候，我问了克里斯汀娜的妈妈——杰西卡夫人——这个问题，她一脸惊讶：“我们当然要看啊！我们要是不看的话，跟克里斯汀娜不就没话说了吗？”

然后，她故意压低声音跟我说：“那样她就会嫌弃我们这对老夫老妻不与时俱进了！”

“嘿！”克里斯汀娜哈哈大笑，“我可不会嫌弃你们的！”

书籍，在美国的家庭中是一架桥梁。每天饭后，家庭成员就会聚在一起，讨论自己正在阅读的书籍，从而使家庭成员的关系更加亲密。

那么，美国学生的读书习惯又是怎样的呢？

我的朋友可拉，AP成绩几乎都是满分，SAT和ACT的成绩也近乎满分，当我问到她到底是怎么学习的时候，她简单地回答：“就是读书啊。”

在美国，想要取得好成绩，唯一的方法就是阅读。美国人重视批判思考与独立写作的能力，而大量阅读则是培养这种能力的最好途径。所以美国的学校在学生很小的时候就要求学生读经典作品，而且是大量地读。

那么，我们会不会想：一个十几岁的孩子，能读得懂像是《奥德赛》《罪与罚》这样的作品吗？

伊塔洛·卡尔维诺，这个世界上最伟大的作家之一给出了这样的解释：

这种青少年的阅读，可能（也许同时）具有形成性格的实际作用，原因是它赋予我们未来的经验一种形式或形状，为这些经验提供模式，提供处理这些经验的手段，比较的措辞，把这些经验加以归类的方法，价值的衡量标准，美的范式：这一切都继续在我们身上起作用，哪怕我们已差不多忘记或完全忘记我们年轻时所读的那本书。当我们在成熟时期重读这本书，我们就会重新发现那些现已构成我们内部机制的一部分的恒定事物，尽管我们已回忆不起它们从哪里来。这种作品有一种特殊效力，就是它本身可能会被忘记，却把种子留在我们身上……

的确，小时候读的东西，在长大后可能不记得细节，但是对于那些还没有进入社会的青少年而言，经典以一种震撼人心的方式塑造着孩子的性格，告诉他们什么是善与恶，什么是人性的矛盾。而这些书，在成年后重读，能够获得更多更深刻的感受。

第一次带美国的妈妈去Central的时候，正好是午餐时间。因为Central不是一所完整的高中，所以没有食堂，所有人都带着午餐，在自习区或者坐在走廊上吃饭。我们走进去的时候，虽有打闹的、踢自动售货机的孩子，但是大部分人都坐在沙发上或者地上看书。我记得非常清楚的是，有一群坐在地上的女孩围成一个圈，其中的一个正在大声地朗读莎士比亚的戏剧，其他的女孩都在仔细地听着，时不时咬一口手里的三明治。

吃饭的时候读书，是Central Academy学生的常态。但并不是每个人都那么热爱读书，而是Central有每天读二十页书的任务，而且小测试不断。我读《卡拉马佐夫兄弟》的时候，有一次拖到周日晚上还有几百页没读，网上连个好的总结都找不到，当时急得我直跳脚，后悔这周没努力。但是当我给在美国的其他中国留学生打电话时，大家连作业都没多少，更不用提读大部头的小说了。我感叹：好学校真的就是不一样。而这“好”字，恰恰就体现在阅读量上。

当我在美国高中学历史的时候，曾经不停地回想在中国高中学到的方法：画表格，理时间，编口诀。记忆、记忆、再记忆，但是完全没有效果。美国短短的历史，课本却有一千多页，老师还打印出大量的文献让我们阅读。但是中国几千年的悠久历史，课本就是那么薄薄的几册，完全没有细节，仅仅是记概念，记定义。

刚开始我怎么也读不进去，后来每天晚上读一章，后半年才算读得进去了。可是那么多东西，根本就不知道什么是重点，而且老师也不给画重点。我很苦恼，于是给可拉打电话。她高二的时候选的AP美国历史，轻松地拿了满分。

“可拉，我快死了！”我一开口就说，“这破历史怎么这么多东西啊！怎么一点重点都没有啊？”

她有些不解地回答：“有了重点那还是历史吗？历史上的每件事都很重要啊。”

我有些抓狂："我不是那个意思！我是说考试的重点是什么？"

她不屑地一笑："哈！你这个中国人！"

"我知道我知道，我知道我特功利，但是我们以前不是这么学的，"我无力地说，"我真的快被折磨死了，你赶快告诉我，你是怎么学的？"

"你把那课本从头到尾读一遍呗，"可拉说，"我就是这么学的。"

"可拉！"我震惊了，"这书这么大，一千多页，起码有好几磅，书都能把我砸死！读完这书我都有孙子了！"

"你别急啊，慢慢读，我有时候也读不进去，"可拉说，"我一般就是读几个小时，然后下楼做做家务什么的。"

我还是不甘心："难道就没有别的更好的方法吗？就没有个提纲什么的能让我背的吗？"

可拉有点急了："你这人怎么这个样子啊！你不能这么学历史！你难道不认为那些细节才是历史的精华吗？那些故事非常有意思吗？你现在背了，以后肯定会忘了的，那样有什么用呢？历史是很有意思的东西！"

她说的的确很有道理，但是对于我而言……

"那你在AP考试前是怎么复习的？"我不放弃，"有什么特别的方法吗？"

"有！"可拉说。

"什么？"我激动了起来。

"我把历史书从头到尾又读了一遍。"

我顿时感觉没有了希望，只好回到那本厚厚的大书里，一点一点地读起来。

可拉的话是对的。其实我在内心里也没有期望她告诉我一条捷径，因为那样的话，可拉就不是可拉了，可拉就不是那个读萨特、康德、黑格尔的可拉了。作为Central Academy最优秀的学生，作为连Central Academy的老师们都尊敬的学生，可拉是有她学习的方法的。而这种方法，就是单纯地阅读，大量地阅读。

“不读书的人，是没有潜力的”他们会永远保持他们固执的想法，不去接受新的思想，他们无法进步，即使数理化再好也无法补充阅读的空缺。

很多人认为美国人笨、智商低、数学差，但是美国人的情商却很高。这种高情商，就是通过大量的阅读来培养的。所以美国人也许不会编程序，做软件，但他们能够驾驭那些掌握专业技术知识的人。这和自己有这种能力又有什么区别呢？

“美剧之所以强大，”石康说，“那是因为他们每个编剧都很牛，每个人都在特定领域内有着深厚的专业知识，组织起来就是一个全面的专业团队。而我们甚至对“创作团队”这个概念都不理解。”

我认为，在现在的中国义务教育中，应当加进大部头名著的阅读，而非仅仅几篇节选的阅读。这一点台湾就做得很好。不要被数理化的优秀蒙蔽了双眼，读书才是强国的根本啊。

在美国，你约会了吗？

我的美国朋友正在热恋中，在沙发上聊天，我走过去，试图加入他们的对话。

“你俩都那么好看，以后一定能有很好看的孩子。”我说。

他们俩忽然就红了脸，我的女友站起来，把我拽到一边：“你怎么能说这样的话！”

“怎么了？”我很疑惑地问。

“扯太远了！我们才刚刚开始约会，怎么能就谈到生儿育女呢！”

“这有什么？”我一下子糊涂了，“你们难道没有想过未来吗？”

“当你和一个人约会的时候，你应该只想当下，而不是去讨论未来！这样会毁了这一段感情的。”

我摇摇头，表示不明白。那是我第一次遇上这样的情况。

罗曼蒂克有三个阶段：调情（flirting）或者是hook up，约会（dating），最后才是男女朋友关系。

后来我发现，在美国人谈恋爱的时候，最禁忌的事情莫过于讨论婚姻和孩子了。大部分人在刚开始约会的时候都是只想着两个人在一起很开心，而不是两个人在一起完成父母的心愿或者是支撑一个家庭。刚开始会很难理解，因为中国人对于谈恋爱的期望基本上就是结婚生子，而美国人可以以玩一玩的心态约会两三年。

罗曼蒂克有三个阶段——flirting（调情）或者是hook up（上床），dating（约会），最后才是正式的男女朋友关系。在美国，很多的男女朋友都是由一夜情发展来的。我记得小的时候看一个美国电影，女主角追着男主角跑，在他身后喊："Can we have something more than sex?"当时我就感觉这完全颠覆了我的逻辑，难道不应该是先有爱后有性吗？可是在美国，这个逻辑是倒过来的。

最常见的情况是：在一个party上，两个人喝醉了，相遇了；开始聊天，然后调情；最后去跳舞，然后醉醺醺地一起回家，上了床，第二天醒了才开始谈天。如果感觉好，那么会再出来见面，那就叫作“约会”，如果感觉不好，就从此说拜拜，成为朋友或者装作不认识。在美国的大学校园里，这大概是最常见的状况了。

在约会的时候，最传统的流程就是男生去接女生，然后男生带女生去一个很好的餐馆，两人吃完饭以后就去看一场电影。男生送女生回家，在家门口亲吻女生。可是也有其他有意思的约会，比如去看一场freak show[1]，或者去打paint ball[2]等。

美国人的约会有点像中国人的相亲。一个人可以同时跟许多人约会，这并没有问题。而如果双方都很喜欢对方，那么可以“go exclusive”，意味着只约会一个人。

在约会中，还有一种非常有意思的叫作“open relationship”（开放式关系），就是两个人基本上是男女朋友关系，但是可以和其他人上床。西方人总体上把爱和性分得很开，所以肉体上的接触并不影响心灵上的依赖。一个人可以和许多人上床，但是最后在他（她）伤心难过的时候，有一个心灵伴侣去安慰他（她），这可能是最理想的状态了。

---

[1] 一种类似马戏团的演出。

[2] 用装满颜料的气球互相打的游戏。

校园里的人生大温拿

美国运动员在大学里的地位就好比中国学生会在学校里的地位一样——呼风唤雨。如果是学校里最好的运动队队员的话，在中国就像是进入了学生会的核心圈一样。在美国，从小学到大学，学校里最受欢迎的男生都是运动员，就像许多青春电影里演的一样。这些运动员四季都穿着背心短裤，露出胳膊上的肌肉，成群结队地在一起。在大学里，许多运动队都住在同一个房子里，经常party，并且有无数的女性崇拜者。上课坐在最后一排，有时发表一些很愚蠢的言论，可是看上去却总是一副人生大温拿的样子。

美国人对运动的热爱是从小就开始的。公园里你可以看见年轻的夫妇推着婴儿车跑步，父母在公共溜冰场教小孩子溜冰，素不相识的孩童一起玩飞盘。公共的篮球场和足球场总是有人，而大城市

美国运动员在大学里的地位就好比中国学生会在学校里的地位一样——呼风唤雨。

里收费的健身房也是人满为患。新年的时候，最常见的“明年要做的事”就是“锻炼”，而高速公路上的广告牌几乎都被肌肉型的健康男女填满。在美国，有种特定的说法叫做“soccer van mom”（足球车妈妈），说的是一种开大型SUV的家庭主妇，来自中产以上的家庭，有好几个孩子，都在学校参加运动队，从名字上看来大部分是足球队。

这种妈妈一般受过很好的教育，生孩子以后就辞去工作，带着孩子参加学校里的活动。我住在长岛的时候，朋友的妈妈就是一个典型的soccer van mom，早上开车送三个孩子上学，下午放学了以后先送大女儿去足球队，再送二女儿去冰球队，最后把小儿子送到长曲棍球队训练。急急忙忙跑回家里做饭，然后再去把孩子们一个一个接回来。平时的晚上经常还有比赛，这时候就是全家出动去给家庭成员加油。在爱荷华念高中的时候，我和我的大妹妹在排球队里打了半年，每次主场比赛全家必到，就连我的小妹妹都没有一次缺席。我曾经认为这样很浪费时间——一个人比赛为什么要全家人都去陪着呢？可是后来我发现不仅是我们家这样，整个排球队的家里都是一样。就像是一种习惯一样，看孩子的球赛是家庭的固定活动，三大姑、八大姨都要来买张五美元的票进去拍拍手、喝喝彩。

有一次我和一个美国朋友在学校里跑步，前面跑着一个女孩，宽肩膀短腿，胳膊上小腿上肌肉成块状，特别明显。我朋友羡慕地说："哎！我要能有那样的腿就好了！"我不可置信地看着她："什么？在中国，没有人希望有那么粗壮的腿！我知道有人甚至去做手术把小腿上的肌肉拿掉。"

"不会吧！"她也不可置信地看着我，"在美国，人人都喜欢有肌肉的、健康的腿。为什么有人会想把腿上的肌肉拿掉？"

"你难道不觉得这样很没有女人味吗？"我说，"和男人的腿有什么区别。"

"区别大了啊，唉，我也不知道该怎么说，总之每个人都喜欢健康、有活力的身体吧。"她说。

在中国上高中的时候，晚自习一下课就有一群群的女生去跑步，不吃晚饭而是先去跑步，就是为了减肥，跑完回来还要拍打小腿肌肉，因为这样不会结成肌肉块。而且在冬天很冷的时候，大家不愿意跑步，就都喝减肥茶，一个晚自习出去上好几趟厕所，班里门开开关关。从那样的环境里出来，忽然到了一个以肌肉为美的国家，还真的是不太适应。学校里运动的男生受欢迎倒是不难理解——谁不喜欢健壮的、充满男人味的男人呢？可是为什么充满男人味的女人也会受欢迎？

女运动员在学校里的穿着跟男运动员几乎一模一样——背心、短裤、球鞋、发带，时而背一个印着学校名的运动包，经常满头大汗地赶来上课。但是在party的时候她们也会打扮得很好，穿上漂亮的裙子，显出健美的四肢。而因为运动的关系，女运动员和男运动员的关系很好，他们总是一起训练，所以他们总是一起吃饭，一起出去玩儿。

运动员在学校里总是制造很多麻烦——打架、酗酒、滥交等。他们从小被灌输一种“赢”的美国精神，导致一切都要做最好的。在大学里很多聪明的运动员都是经济专业，一出校门就去投行，延续这种运动精神。又因为他们认识很多其他在同一行业的运动员，一切就变成了最原始的游戏：一场新的比赛。在美国最大的职业社交网站上有许多“常青藤长曲棍球小组”、“文理学院划艇小组”，把学校和运动分类，这样这些运动员能够跟对方的运动员有更多的共同语言。

说到运动员，就不得不提到啦啦队员。在美国的大学里，一般只有橄榄球队才有啦啦队员，所以那些以橄榄球出名的州立大学都有着非常漂亮的啦啦队员。啦啦队员显示的是一种性别歧视——女人只能漂漂亮亮地站在一旁做一个支持者。毕竟，啦啦队员基本上什么都不做，只是在一旁显示对男运动员的支持而已。啦啦队在东海岸的学校里并不流行，因为东海岸鼓励女孩子从很小就开始和男孩子一起运动。

我在美国高中读书的时候曾经是一个啦啦队员，感受最深的就是我完全无足轻重，只不过要穿着小短裙站在一边领着观众为运动员加油罢了，但是在我居住的中部小城，女生都愿意变成那个支持者。

美国的这种全民体育文化也是让亚洲移民很难融入的原因之一。亚洲人擅长灵活性强、单独的运动，可是美国人喜欢冲撞性强的集体运动。一个中国朋友曾在大学里试着打了一个学期的橄榄球，最后实在受不了，跟我说："我今天能不能不去啊，我怕去了被撞死了，五脏六腑都要被撞出来了！"

而融入运动文化的先决条件就是要打得好。当我在高中里打排球的时候，是队里最矮的一个，又不会上手发球，所以客场比赛的时候都是坐在旁边候补，连胜利了以后成功的喜悦都很难感觉到，就更不用说和队里那些核心队员有共同语言了。

第二篇

囧在美国

被误解的大多数

遇见Z，其实是一件有趣儿的事。有一天去参加朋友的活动，推行一个音乐剧，活动结束我们出来吃饭，朋友介绍Z给我："这是Z，一位在美国的音乐剧演员，现在在北京推行中国原创的音乐剧。"

和Z交谈是一件很有意思的事情。Z说由于他是演员，社会上各个层面的人都会接触到。听说我在费城读书，Z马上跟我聊费城的小吃、球队。他的中文与英文的发音都堪称完美。于是我很好奇，因为如果仅仅是在美国上大学，很难达到他这么流利的英文，我问他："你什么时候去美国的？"

Z笑着说："你应该不知道我之前待着的那个地方，叫爱荷华州。"

我急忙说："那就是我交流的那个地方啊！"

如果我们能够真正地伸出手去，有谁又会拒绝被了解呢？

“哇！这么巧！你住在哪里？Des Moines[1]？East Des Moines[2]？”

我摇摇头：“不，West Des Moines[3]。”

他有些震惊：“那都是有钱人住的地方啊，还有白人。你去的是West Des Moines的学校？”

我点点头：“刚开始去的是一所私立高中，后来我觉得太闷，所以转去了Des Moines的Central Academy。”

“Central Academy？”他又笑了起来，“我当年就是去的Central Academy，如果没有Central，我的英文不可能像现在这么好。”

---

[1] 得梅因，美国爱荷华州的首府。

[2] 东得梅因，得梅因市比较穷的一个区。

[3] 西得梅因区，即得梅因的白人区，比较富裕的一个区。

确定了校友身份，我们开始大聊“老家”的事情。Z跟我说到这么一件事，让我惊讶万分。

“大概是十多年前了，在West Des Moines曾经有过这样一个团体，叫‘the cowboys[1]’，是由一所天主教学校的白人学生成立的一个团体，那时他们只要在路上见到不是白种人的都要上去打一顿。有一次，我开车在路上，就看见一群cowboys在打一个黑人。顿时怒火中烧，然后打电话给我的越南兄弟，说：‘我碰见cowboys了！你们赶紧过来，我先上了！’”

“我妈妈是开武馆的，我从小也练武术，于是我就逮住了一个个儿最小的，往死里揍，结果其他人见来了个不要命的，马上就四散分逃了。”

“那时cowboys在Des Moines盛行，中国人都不敢出门，而且那时Des Moines也没有什么中国人，种族歧视非常厉害。有两次，我约了个白人女生一起去舞会，但是当我的车都开到了她家门口时，她的爸爸拉开门，看到我，惊讶地说：‘我女儿没告诉我你是中国人啊？’然后继续说：‘对不起，我不能让我的女儿跟你一起去舞会。’”

我非常惊讶：“我从未遇见过这样的事情！我一直觉得虽然美国本土人都认为爱荷华是个思想非常保守、非常落后的州，可是我和我的接待家庭从来没有发生过这种纠纷，也没有任何一个人因为我是中

[1]　牛仔团。

国人而歧视我。”

他苦笑了一下：“在美国，如果你是一个住在白人家里的中国小孩，而且又已经在他们那个圈子里，会好很多，至少你的家庭会把你保护起来。可是像我这样，在一个中国人的社区长大，基本上和那些保守的、有钱的白人没有什么交集。从小到大都在被歧视着。”

“而后来我到了纽约，才真正地有到家的感觉，对美国有某种家的感觉了。没有人因为你是黄皮肤、黑眼睛就觉得你和其他人不一样。可是阴影却仍然存在。平时不演戏的时候我在纽约的一家餐馆打工，有一次来了一群爱荷华的姑娘，金发、高个的典型爱荷华姑娘。我过去为她们点菜，和她们打情骂俏，聊得非常开心。后来我离开的时候，另一个侍应生走过来，拍着我的肩膀说：‘哥儿们，刚才我走过那些姑娘们身旁，她们一直在说你是多么迷人、多么帅，可惜却是个亚洲人。’”

“到我去试镜的时候，发现给亚洲男人的角色非常少，只有三种：书呆子、餐馆老板和同性恋。这并不仅仅是给中国人的角色，而是整个亚洲人的角色，在美国，你的一张中国人面孔代表着所有亚洲人，而不是你的国家。”

“有一次，我们去得克萨斯州巡演，当时住的还是一个非常高级的酒店。我和一个白人女孩吃完饭就到楼下的酒吧去喝酒。我一进去的时候就有个穿牛仔服，满口得克萨斯口音的白人男子对我喊：‘嘿！你哥哥过会儿就回来！’然后整个酒吧就开始笑。我们一头雾水，过了一会儿一个亚洲侍应生回来，我才明白怎么回事，因为这件事我们整个剧组马上搬出这家酒店，并且告诉他们损失的费用让酒店必须全付，那时我真的非常感动。”

“亚洲男人和亚洲女人在美国会受到完全不一样的待遇，亚洲女人在美国会被认为‘有着异域风情’，可是中国男人却很没有地位。在爱荷华州我曾经有两个中国女生朋友，她们宁愿和黑人约会也不愿意和中国人在一起。”

Z现在在国内，和一位中国女士结了婚，很幸福。但是他说每次听见别人说“离黑人远点儿”或者是“美国人怎么这样”，他都会抑制不住心中的冲动去纠正别人。

“我们不能够根据个人判断种族。”Z说，“没有人有权利去这样评判另一个民族。当我妈妈去纽约看我的时候，我住在一个很多黑人的区域，有一次我们走在路上，看见前方站着一个黑人，我妈就很害怕，说咱们赶快过马路吧。我说：‘为什么要过马路？来，跟我来。’于是我就走到那个大个子面前，说：‘嘿，兄弟！我妈妈第一次来纽约，我想带她去这个教堂，你知道怎么去吗？’然后这个黑人兄弟咧嘴就笑了：‘嘿，你好！来，我来告诉你们怎么去，从这里直走看到××再左拐，要不我直接带你们去好了，怎么？你是从爱荷华来的？那么远！什么？你是在爱荷华开武馆的？哇！这个小个子的亚洲女士！这么酷！我特别喜欢武术，李小龙什么的！以后你们有问题就找我，我在这里住了好久了……’”

歧视来源于无知，不管是中国人还是美国人，被我们歧视的种族，其实都是因为我们对它了解不够。如果我们能够真正地伸出手去，有谁又会拒绝被了解呢？

免费医疗是流浪汉的专属

第一次上美国医院，还是在来美国两年之后，一次偶然的机会。

暑假打工带了一个旅行团，当时团里的两个小孩儿还有一个大人生病了，嚷着要去医院，于是只有想办法。努力回想以前接待家庭的姐姐妹妹生病的时候都是怎样应对的，她们一般都是打电话给家庭医生预约，然后去特定的家庭医生那里看病拿药。那么，在美国没有私人医生的外国人怎么看病呢？

首先想到的就是保险公司，然后找能够接受我们这个旅行保险的医院。等打了六十多美元的车来到了南加大医院时，人家又告诉我："对不起小姐，我们这里没有急诊，您得带他们去个有急诊的地方。"

想起之前打了无数通电话（包括给保险公司、各种急诊室、各种出租车司机），现在却又来到了这么一个不收病人的医院，我的声音里都带上了哭腔：“那我怎么办啊！您知道哪里有急诊吗？我们都是外国人，来这里旅游的……”

前台的大爷同情地看了我一眼，然后拨通了一个电话：“嘿，好久不见，你父亲怎么样？啊，我很好……我现在这里有个问题，有一些外国人……”然后他把电话递给我。

“嘿！”电话那边传来一个活泼的声音，“离这里很近的就是洛杉矶县医院，你可以去那里！”

“可是我的保险不包括那个医院，只有这所啊。”

“没关系，那是县医院，他们不会收你钱的。”

我以为自己听错了：“啊？不收钱？不不不，我们不是美国公民。”

“没关系！你去就可以啦！”

我挂下电话，一脸狐疑。美国传说中免费的医疗难道不是给有医疗保险的公民吗？这是怎么回事？

大爷好心地给我画了个地图，于是我带着三位病恹恹的，裹得全身一丝不透的中国旅客，在洛杉矶夏日的炎阳中来到了洛杉矶县医院急诊部。

一进门，就仿佛回到了北京奥运会时候的地铁口：安检加保安，双层检查。而且保安都是高大魁梧型的，弄得医院跟个政府要地一样。我走到前台，两个很友好的工作人员让我们登记信息。

“有身份证明吗？”他们问。

我递上一份成人的护照复印件：“对不起，我们的护照都锁在保险柜里了，只有这个。”

还在担心会不会不行，没想到他们看都没看。

“来，把表填了吧。”他们给我们三张表。看到两个高一学生还是未成年人，一位工作人员马上热情地说：“来，到我们的儿童区！”

儿童区！我于是跟着走了进去。室内装饰得特别漂亮！墙纸都贴满了卡通画，窗明几净，护士们都甜甜地微笑着。

“他们不说英文？”一位工作人员关切地问。

我还没来得及回答，工作人员就马上说：“没事，我们有说普通话的志愿者，我现在就帮你叫过来。”

我瞪大了眼睛，都不敢相信这个事实：会说普通话的志愿者！

两个亚洲女孩很快便出现了，她们都是加州大学洛杉矶分校的生物学高才生，来这里做志愿者。

“你不用担心了，交给我们吧！”一位用标准的普通话跟我说。

我走出来，去找那位生病的大人，一走进等待大厅，我却感受到了如天堂到了地狱一般的反差。

大厅虽然非常干净漂亮，明亮的落地窗，茂盛的人工植物，具有现代感的墙壁。但是在长椅上坐着的、躺着的、斜歪着的，却都是街头流浪汉一样的人物。有些人满身文身，有些人胡子齐腰，有些人还衣不蔽体，有些人少一只胳膊，有些人缺一只眼睛，还有些，甚至半张脸都被火烧烂了。

永远忘不了的是我走进大厅的那刻，那些人转头投过来的目光：仇恨、蔑视和不在乎的感觉。找了个地方坐下帮旅客填表，惊奇地发现这简直就不是在美国，因为身边没有人说英语！而是清一色的西班牙语！填完表，翻转过去，发现有一份西语的表单，太多墨西哥移民了！

过了两三个小时，等到我们终于被叫到，可以去排队看医生的时候，我们和一个小组走进另一座楼登记。那位登记的女士也是墨西哥裔的，英语说得并不流畅，跟其他同事和病患都说西班牙文。

但是总体上看下来，虽然一直在等，等了将近五个小时，但轮到我们的时候，医生还是很耐心，很人性地给我们看病。而且因为病人是女性，所以派来的是女医生。

温柔的女医生从口袋里一个一个地拿出四个像中国医院输液用的那种小葡萄糖瓶大小的玻璃瓶，依次把他们摆开在病人身旁。

一般美国家庭都有自己的私人家庭医生，有什么小病的话，都会直接去看家庭医生。而那些没有私人医生的流浪汉，政府则会提供给他们免费的医疗服务。

“这是？”我好奇地问。

“这是用来查血的。”医生说。

我瞪大了眼睛，在国内我们查血的时候都是查指血，一点血从指尖挤出来，就像蚊子叮一下的感觉，根本不会很痛。可是她摆出了四个这么大的瓶子去抽血……当时我就汗颜了。

“我要给病人抽血了。”她转向我，“请你出去等一会吧。”

现在我才终于明白，为什么我的美国同学来中国看病的时候会问我：“为什么验血的时候都是当着那么多人的面抽血？”因为在隐私权被看得很重的美国，抽血是一件很私人的事情。

整个流程下来花了整整一天，当我们拖着疲倦的身体去拿药的时候，免费给药的窗口已经关了，于是我们只有去药店买药。不得不感叹一声：“免费的医疗，原来是给有闲情的美国流浪汉的啊。”

大麻，陪着青春度过

是的，奥巴马在上大学的时候吸过大麻。

总统都吸毒，怎么做的榜样？那大学生还得了？

在美国，大麻，更多是一种代表，一个阶段的象征。

可是实际上的情况是，在美国的大学里，越有钱、越私立的大学，毒品越泛滥。一是买毒需要钱，而私立的大学一般都在郊外，只要和附近警察关系好一点就根本没有人管。

中国和美国不同，在中国一般人闻“毒”色变，大麻和可卡因听起来像是一样的东西，都吓人得不行。在我来美国之前，爸妈曾千叮咛、万嘱咐，告诉我什么都可以尝试就是不允许尝试毒品，可是毒品这种东西也就是在大学里向我揭开了面纱。在国内觉得很神秘的东西，到了美国就跟酒精一样泛滥，而最奇怪的是，当我在加州拜访一个美国同学的时候，他的妈妈给他钱，让他去买大麻，并且跟我说：“You guys should have a good time.”

于是好友开着他妈的车带着我去买大麻。在加州，如果经过正规许可，买大麻可以是合法的，而办到这个许可也是很简单的一件事，据好友说只是需要医生开一个证明就可以。所以我们开了将近一个小时的车，到旧金山周边的一个卖大麻的店里去买大麻。

开车去买毒品？真是想都没有想过！

当然这个故事的结尾是我同学顺利地买到了含有大麻的巧克力，然后在车上一连吃了三块，反应变得超级慢，而且一直傻笑，然后在我们下车吃饭的时候把停车的位置忘了，最后导致我们一起在旁边找了一个小时。

当我在夏威夷的时候，大麻是最常见的东西，甚至比香烟还要常见。因为冲浪者们都喜欢一种轻松愉悦的氛围，而大麻可以让人变得反应很慢，然后缓解紧张的神经。

很多朋友的宗旨就是：吸大麻，但是坚决不吸烟。在我身边，有很多痛苦戒烟的朋友，但是没有一个痛苦戒大麻的人，因为大麻不上瘾，大麻的危害甚至比酒和香烟还小。在荷兰食用大麻是合法的，而在美国，人们也一直在努力让食用大麻合法化。

大麻并不会让人有生理依赖，但是会让人有心理的依赖。比如明天有个考试啦，晚上学累了，紧张了，要崩溃了，就吸点大麻放松一下，大概也就是这个作用，但是抽烟的人就会总想吸烟。

而和同学的父母们交流，他们年轻的时候也抽大麻，但是慢慢长大了就不抽了，大麻仿佛是美国人青少年时期的一个共同的回忆，有点像我们的关东煮或者是宠物小精灵卡片一样，有一阵子学校不让玩，但是每个人都私底下藏着点儿，冒着被没收的危险玩。可是这段时期会过去，我们长大了，就会远离那些曾经上瘾的东西，而那些事物曾给我们带来美好的回忆。我想这也是大麻对于美国人的意义，同样也是为什么家长会同意孩子吸大麻。

在纽约拜访已经毕业的美国好友。他在曼哈顿与两个西北大学的好友同住，周六的晚上，我进门的时候满屋子烟雾三个人抱着啤酒坐在沙发上：“我恨我现在的生活！真想回到大学，可以在下午两点的时候开始抽，然后一直抽到晚上再写作业，而现在每天去上那个鬼班，都不知道什么时候可以熬出头，到了周末才能放松一下。”他们已经把大麻和大学时光联系在一起了，就像是中国的大学生把网络游戏和大学生活联系在一起一样。

大麻，更多是一种代表，一个阶段的象征。

重庆楼——一个中餐馆的故事

重庆楼

大学的姊妹校S校在有半个小时车程远的小镇上。我一周在S校上两节课，周二、周四就全天在S校待着。因为没有S校的饭卡，中午就只得在小镇上四处游荡觅食。在第二周的时候，拐过一个街角，忽然发现一家很小的中餐馆，店面上写着ChongQing。再仔细一看，英文下面便是更小的中文：重庆楼。

从此我就成了重庆楼的常客。重庆楼和美国其他的美式中餐馆没有什么不同，从摆设到食物，都是最典型的美式中餐馆。一进门便看见左边有一个做工不精致的神龛，里面是一尊财神爷，它的面前还摆着些果品，插着香。

店里倒还是很干净，木桌子、木椅子，画着十二生肖的餐盘纸，

中国菜到了美国都会变种，大不如国内的味道，美国的中国餐厅做的饭更具有美国味。

包在餐巾纸里的不锈钢刀叉。第一次推门进去，柜台后面的人听见门上的铃铛响起，便从里间转出来，原来是一个个子很小的女掌柜。眉毛描得又细又长，一见我便用带着浓重口音的粤语版英文问："Only one?"，我见她是中国人，便用中文说："是，就一个人。"她摇摇头，继续问："Really?Only one?"。我猜想她说粤语，听不懂普通话，便用英文回答了她，然后挑了一个靠墙的座位坐下。那是下午五点，店里还一个人也没有。

老板娘往厨房那边走去，嘴里喊着粤语，从厨房里慌慌张张走出来一个高个子的男人，大概三十岁左右，看上去很文弱。男人给我拿了本菜单，走过来用普通话说："要点什么呢？"

在异国他乡，尤其是这样充满中式气氛的餐馆里听到普通话，真是令我心头一暖。我翻一翻菜谱："要个炒米粉好啦。"

“好的。”男人收回菜谱，走回厨房，遥望着男人离去的背影，可以看得出来他的脚有点跛。

男人给我上了茶，走到厨房前的桌子上做账，长长的小票从桌面垂到地上，一个约四五岁大的小孩从桌子底下钻了出来，手里拿着把出声的玩具枪，女掌柜在我身后，嗑着瓜子看香港电视剧。透过厨房的窗子望过去，里面有两个高个子的男人在做饭。只有我一个客人，所以他们不急不忙。

咖喱鸡

每个周二的安排：早上八点半起床，吃谷物早餐加牛奶；九点准时出门去坐车到S校，十点开始上初级电影理论课，上到十一点十分；接下来去镇上的快餐店点一份汉堡加冰咖啡，下午在S校学习，五点准时出图书馆，去重庆楼吃饭；七点去校内电影院看课上规定看的电影。

直到有一天，我忽然改变了主意，决定在中午去重庆楼。

十一点半的重庆楼竟然也是空无一人。这次归男人坐前台，他看见我，微微笑一笑，跟我打了个招呼：“今天要点什么菜？”

我拿过菜单。

“我们有午餐特惠，很便宜的。”

他帮我把菜单翻到后一页，哇，果然，四块八套餐：蛋炒饭加上宫爆鸡丁还有馄饨汤。比起费城的中餐馆要便宜一半！我点了一个咖喱鸡套餐，满足地坐在椅子上，读起手机里的小说。

忽然厨房里传出来一阵争吵声。具体在吵什么我听不懂，但是听上去好像很激烈，像是有许多人。过一会儿，那个细眉毛的女掌柜首先冲出来，紧跟着一个看上去大概有七八十岁的老妇人。老妇人颤颤巍巍地扶着椅背坐下，一只手还按在胸前喘着气。

忽然厨房的门又开了，这回是另一个高个男人，年纪比较大，但是长了一张和之前那个男人一模一样的脸，估计就是那人的父亲了。父亲也是一副慌慌张张的样子，拽着一条有些跛的脚，手中端着一盘冒着白烟的菜往我这里走来。他把菜放下，我抬头说谢谢。

然后他望着我，上下把我打量一番：“你就是那个在S校上学的姑娘？”

“我不在S校，我是H校的。”我解释道，“我只是在这里上电影课而已。”

“我能问你个问题吗？”父亲继续说。他看上去是个再老实不过的南方男人，平头、消瘦，围着一个过大的围裙，看上去根本不像在美国住过。

“好啊。”

“我女儿，也就是他妹妹，”父亲往男人那边一指，“在马里兰州上大学，现在她想搬出来住，因为这样会便宜一点，可是我和他妈妈又不愿意她耽误了学业。她在念医学，每天都累得够呛，这搬出来住，大概能省多少钱啊？我想每个大学应该都差不多，所以就一直想问问你。”

“我不知道她学校的情况，但是我们学校如果搬出来住每年能省好几千吧。”我回答。

那个女人看见我们在谈话，马上一扭一扭地走了过来，对着那位老父亲便用粤语训斥。见我一脸迷茫，忽然开始说别扭的国语：“你说算是个什么事？把萍儿弄过来了还供她上大学？我这刚好挣的一点点钱都花在你们家身上了！”

她转过头，一只手指着儿子：“陈方，这也就是跟了你！要不是我爸，咱怎么来得了美国！好不容易上了道儿，你又把这几个累赘给接过来！”

那个叫陈方的男人坐在墙角里，也不说话，手一直搓扭着衣服。而他的老父亲，尴尬地在围裙上擦了擦手，往厨房那边走去。

女掌柜的训斥还没有结束，走到那位七八十岁的老奶奶前面继续说，陈方看上去有些想顶嘴，却被她一个眼神吓了回去。那老人也不知该说什么好，坐了一会儿，便拿起身边一个扫帚，颤悠悠地起身扫地。

不愿再看下去，开始继续用手机看小说。用筷子夹了一块咖喱鸡肉放入嘴中，然后喝了一大口馄饨汤。

四块八，我想，真值。

左宗棠鸡

天气渐冷，我生了一周的病，下一周再去S校上课时，忽然想起重庆楼便宜的午餐特惠来。中午一下课，我便背了书包直奔重庆楼。

还是没有顾客，厅堂里空荡荡的，暖气也不够暖，我脱了外衣，拿围巾往肩膀上一披，等着点餐。

“来了？”是陈方，端着一个白茶壶，把一个杯子放在我面前，“今天要点什么？”

我直接翻到午餐特惠，满眼的美式中餐，我都不知道该点些什么。那就点个最典型的美式中餐吧，左宗棠鸡，浇着酱汁的大块鸡肉，虽说咬下去一半都是面粉，却像炸鸡一样美味。配上菜花和蛋炒饭，不错，慰劳一下我寒冷的胃吧。

“左宗棠鸡。”我说。

“好的。”陈方收走了菜谱，慢慢转身，走开了。

那位老奶奶此时正坐在厨房前的角落里包饺子，她包得很慢，不知道是因为她看不清还是她想把每一个都包好。她是那么瘦小，以至于进来的时候都没注意到她。她穿着一件灰色的Aeropostale[1]帽衫，脚上却踏了一双深蓝色的布鞋，这身装束让她显得有些奇怪。陈方这时从厨房里出来了，他在裤子上擦擦手，在老奶奶身边坐下，和她一起包饺子。

外头的风刮得厉害，隔着两道门都能听见外面的声音。

也许是屋里太静了？

门开了，一对老年夫妇走进来，陈方去招呼。

“生意不好，有顾客不容易。”经过我的时候，陈方木讷地咕哝了一句，我不知道他是不是在跟我说话。

[1]　Aeropostale是美国著名校园品牌，主导美国年轻人的服装市场。

厨房的门开了，是陈方的父亲，他拿着我的套餐走出来，端到我跟前，是一盘香气四溢的左宗棠鸡和蛋炒饭，盘子却比上次的大了一号，上面的食物看上去令人垂涎三尺。

“来了？”他点头招呼我，那本分老实的模样和陈方一模一样。

“这么多，真是谢谢！”我由衷地说。

他没说话，转身就回厨房。那对美国夫妇看着他。

“厨子怎么出来招呼客人，多不卫生。”我听见他妻子小声嘀咕。

我想说些什么，却又没说，下午还有课，我只是来吃个饭的。

然后我拿出手机看爱情小说，鸡肉很脆，面粉很少。

中国城

当我再次拐过那个熟悉的拐角，准备享受我的午餐特惠时，我发现重庆楼关门了。

店面还在那里，就是里面没有灯，也没有人。也没有挂出“关门”的招牌。

我敲敲门，没人答应。

我再敲敲门，还是没有人。

一阵冷风吹过，我紧紧大衣。宾州的冬天总是这么难忍，在H大还要好，离费城近，在S大的这个荒凉小镇上我总觉得闻到一股凋零的气息，像是一切都在一点点失去生机。

没有办法，重庆楼关门了，我只有去吃多纳圈了。

那时我坐在暖和的多纳圈店里吃甜得发腻的巧克力面包，喝着恨不得加上一半牛奶的拿铁，不由得想到陈方和他的爸爸，还有那个衣着单薄的老奶奶。是不是那个女人？那个女人把他们搞走了？还是他们没了生意可做？他们去哪里了？陈方的妹妹呢？她在马里兰州怎么样了？

但是我又不禁想起来他们做的饭，炒米粉、咖喱鸡、左宗棠鸡，都是最普通无比的美式中餐，普通到俗，却让我周周必去。我咬着多纳圈，却觉得无味。接下来的这半个学期怎么办？难道每餐都来吃这多纳圈吗？

后来，我真的吃了半个学期的多纳圈。重庆楼的店面换了，换成一家干洗店，我也再不去拐那个拐角。那学期结束了，我的电影课也结束了，便不用再每周坐半小时的车去S校上课了。

总算是和那个凄凉的小镇说了再见，也算是件好事。

又过了多久，圣诞节假期回来，我和室友去中国城吃饭。吃完饭我说我想去买点中式点心，我们便晃荡到了一个超市里，一进门便看见一架子的广州茶点。室友第一次去中式超市，新鲜得不行，我便陪她逛，我们拿了个篮子，装了一篮子的凤梨酥、绿豆糕，然后上前台去排队。

就在我排队的时候，我忽然看见放茶点的架子旁边站着一个小小的身影，穿着一件灰色帽衫，蓝色布鞋。是个老人，头发花白，正凑在茶点上看说明。

是的，就是那个重庆楼的奶奶。

她挎着一只篮子，颤颤巍巍地拿起一盒绿豆糕，仔细看了看，把盒子翻了个面，轻轻掂了掂重量，然后她缓缓地把那绿豆糕放了回去。

“喂，该你了。”室友捅了我一下。

我赶紧拿钱包付钱，可我却不停地抬头往老奶奶那处看，几乎控

china town几乎遍布了美国各州，只要有中国人的存在，就有这种中国特色的town。

制不了自己。

“你在找什么？”室友问。

“看见那个老奶奶了吗？”我小声说，“我感觉很难受。”

室友看了好一会儿。

我们走出超市，那是费城的一月份，最冷的时候，我把手缩到袖子里，再把塑料袋拎起来。

“你知道，”室友忽然说，“我们不能改变不能改变的，但是我们可以珍惜身边的人。”

我不懂她在说什么，我们从中国城穿过，往三十街火车站走去。

天很冷，街旁的店铺冒着烟，我闻到了左宗棠鸡的味道。

舌尖上的美国

这是一个被国内朋友经常问到的问题。而对于这个问题，我往往不知道该怎么回答。很多人认为美国人每天就吃麦当劳和肯德基，汉堡加薯条。这个对于不健康的大学生大概如是，毕竟大学时间紧，

很多人认为美国人每天就吃麦当劳和肯德基，汉堡加薯条。

也没时间做饭，随便路上买个快餐就糊弄掉了，可是到了结婚成家以后，大部分美国人就开始自己做饭了。

在爱荷华交流的时候，我住在一个非常典型的美国中产阶级家庭里：美爸是工程师，美妈是家庭主妇。早上起来我们三个小孩到楼下去吃饭，一般美妈会烤几片面包，涂上黄油，放上奶酪，然后再做一个大的omelette（美式鸡蛋饼，由鸡蛋和牛奶做成），切成三份给我们三个孩子。美国人不注重中午饭，所以我们在学校吃的基本上是一些根本吃不饱的果汁、薯片、速冻比萨饼，而美妈也会给我们带一两个夹着花生酱和水果酱的三明治充饥。

那时我在学校打排球，回家都快饿垮了，于是就盼着晚饭，而美国妈妈从不让我失望。美国人最注重的是晚饭，因为晚饭是全家人都能聚在一起的时候，我们会摆好餐巾餐具，坐在一起祈祷，然后美妈戴着手套端上从烤箱里刚烤好的鸡肉派或者是一种墨西哥食物enchilada[1]给我们吃。没有汤，所以我们一般喝水或者牛奶。

可以说美国人没有他们自己最特别的食物。如果强要说美国的国民食物，那么大概就是汉堡、热狗、薯条了，这些大概相当于中国的豆浆、油条。再高一层的，比较好做的是意大利面，意面放在水里煮十分钟，把番茄切成块和超市里买到的酱放在锅里烧一阵子，浇在意大利面上就可以吃了。在大学里我们有时候晚上做意大利面，如果是

---

[1] 一种墨西哥肉馅儿的玉米卷饼。

周五还可以配上超市买的便宜红酒，感觉就像是在外就餐一样。

在夏威夷的时候青年旅舍提供免费早餐，就是自己去做pancake（薄煎饼）。他们提供奶粉和面粉还有苏打粉匀好的pancake粉，我们要做的就是把那粉和水匀好，然后放在一个平的pancake cooker（很像中国做煎饼果子时用的那种平锅），上面再自己放进菠萝片或者是巧克力片即可。这大概是一个比较简单的美式食物。

在大学，早上大家一般都很懒，所以就吃点谷物早餐了事。谷物早餐是一种小的、脆的、膨胀起来的颗粒，一般是放在碗里，然后浇上牛奶就可以吃。美国超市里的谷物早餐多种多样，我最喜欢的是一种带烘干草莓的谷物早餐。

在不同的区域人们吃的东西也很不一样，主要是看那个区域大部分是哪里的移民。在迈阿密的时候，由于几乎全都是南美的移民，食物也都是各种墨西哥食品，还有根据当地风情改造的海鲜食物。而在夏威夷，则有许多亚洲食品。夏威夷有一种特色的饭团，一个米团上面放上一块肉（火腿、鸡肉都有），中间浇上酱汁，外面包上一层海苔，可以说非常好吃。而在夏威夷的餐馆里，无论是什么东西几乎都要加进菠萝，给人一种小岛的轻松愉悦之感。

至于甜点，意大利的gelatto（冰激凌）便是美国人的最爱。那是一种比起普通冰激凌更黏腻的冰激凌，有各种口味可以选择。而在学校食堂里，我们的冰激凌一般是先放进碗里，然后加上奥利奥饼干、坚果，或者是巧克力豆。而奶昔的做法更是简单，只不过是把牛奶加入牛奶冰激凌即可。

Rootbeer（沙士）Flow也是一种常见的甜点。就是把牛奶冰激凌加到一种叫作Rootbeer（沙士）的碳酸饮料当中，很是好吃。

说到甜点就不得不说到“派”。美国人爱吃的派可能是我吃过最甜的东西了，圆的派从烤箱里拿出来，脆皮底下是拔丝苹果一样的甜点，极可口，却又极不健康，几乎是纯糖分。

到了感恩节的时候，所有这些食品都会在同一天被摆上桌，每个人每天都在吃，从早吃到晚，恨不得一天摄入几万卡路里。而且会有一只肚中被挖空，填上各种食物的火鸡摆在桌子中央，吃肉的时候还要浇上gravy（肉卤）来增添味道。那几日一切都是咸的、甜的，一样比一样有味，嘴都要吃刁了。

因为美国人是由不同的移民组成的，所以每个人都有自己的饮食习惯，而且他们改变自己习惯也非常快。大二的时候我与十个美国人住在一起，我每天都炒菜、做饭、煮面条，一个月后所有堆在水池里的锅和碗，就全都是米饭和炒菜了。用他们的话来说就是：“做中餐又快又方便，为什么不做？”

而的确，做很多西方食物花的时间实在是太多。有时我的美国朋友们要花上两三个小时做一顿饭，因为既要烤，又要煮，各种程序忙不过来。

在美国待了这么长时间，发现自己的饮食习惯开始发生了奇妙的变化——习惯于用意大利面和炒菜做中式炒面，中午吃三明治，而不是米饭，早上拿出谷物早餐，而不做速冻包子。

也许这就是美国的力量——让你将各种文化融合，做出新的美味。

男人需要尊重，女人需要爱

当李阳家暴事件被曝光出来时，我看了所有的访问视频，也读了很多评论。这件事情不仅仅让我看见了名人的家庭里可能有的矛盾，更重要的是让我看到了中美婚姻观念的不同。刚开始看到Kim女士哭诉的时候心里也非常纠结，觉得李阳真的是天理难容。可是后来又看另一个访问，李阳的秘书说他的压力非常大，每天必须工作很长时间，才能拉着五百人的公司前进。那个时候又很同情李阳，觉得作为一个男人和一个名人，压力的确也大，那么如果回到家，妻子再唠叨的话肯定也是很烦的。

当在美国家庭里交流的时候，最大的困难不是语言，甚至不是文化，而是美国父母和我妹妹的那种关爱。以前在国内，没人有时间陪我看病，也不可能说去看我比赛，给我加油。可是在美国的家里，整

在高中交流时住的美国家庭里，整个家庭的凝聚力很强，无论是哪个家庭成员参加活动，哪怕是很小的活动，整个家庭都会全体参加，为参赛者助威。

个家庭的凝聚力很强，无论是哪个家庭成员在某个小戏剧里露个面，或者是在哪个球赛里打球，整个家庭都会去。最让我惊讶的是我美国爸妈的那种和谐的关系——在中国，我从来没有见过结婚二十五年还像初恋一样的夫妻！

有一天晚上，外面下着雪，我和我的狗坐在壁炉前烤火，美国妈妈半躺在沙发上看电视。那会儿是2009年，老虎伍兹性丑闻覆盖了整个电视，美国妈妈就在那里摇头。

她微笑着跟我说："男人需要尊敬，女人需要爱。"

我的美国爸爸是一名工程师，而我的妈妈曾经是一名律师，她出生于宾州一个富裕的律师家庭，家里人非常鼓励她去追求她的事业。而在她的第一个女儿，也就是我的大妹妹出生的时候，她决定放弃自己的事业留在家里。

我在爱荷华的一年中，他们也吵架，有的时候甚至会生气到要摔东西的地步，但是美国爸爸会马上抑制住自己，然后去整理车库（他每次心烦意乱都出去修车或者剪草坪）。美国妈妈就会开始清理厨房，一般过了四五个小时他们就和好了，每天在他下班回来的时候美国妈妈总是走到门口去迎接他，然后给他一个亲吻和一个拥抱，接下来再说今天发生了什么。

和美国爸妈在一起的这么长时间，从来都没有听美国妈妈说过美国爸爸任何不好。现在回忆起来都觉得很惊讶，她从未说过爸爸哪里不行，工作做得不好或者是什么地方没有做对。她曾经是个律师，脾气也很火暴，但是她总是努力控制自己。记得有一次因为家里装修他们起了分歧，美国妈妈火了，一定要用某种木头，但是老爸却不想用那种木头，然后他们一个下午都没有讲话，后来他们上网查哪种好，最后选定了用爸爸推荐的那种材料。一般这个时候女人都会觉得很没有面子，可是我妈做了美味的晚餐，在餐桌上跟我们所有的小孩说我爸爸做的选择是多么明智，然后还俏皮地向他眨了眨眼。

美国妈妈后来跟我说："对于你所爱的男人，永远不要诋毁他的事业。"

在看凤凰卫视做的李阳的节目时，一个美国女孩一上来就说疯狂英语不好，然后李阳也马上回击。回想以前在国内家里的纠纷，如果我妈埋怨地说一句"你总是不回家吃饭"。那我爸还不会生气，可是当我妈说你总是不回家吃饭，你天天工作有什么意思，你看那谁谁谁，天天没什么事干还挣那么多时，我爸就恼火了。

同理，对于任何一个男人都是一样。我有一个要好的美国朋友，每一次他妈妈要来看他，他都让我过去一起吃饭，原因是他不想跟她多说话。他的妈妈是一位非常成功的离婚女性，对儿子要求很高，首先一进门就说他东西乱七八糟，然后又说他长胖了。我同学这个时候还都只是摇摇头，当她嘲讽地说他估计也进不了什么好的医学院时，同学便非常生气，完全不再理他妈妈了。

美国妈妈告诉我："家庭里的纠纷，女人唠叨并不是问题，问题在于女人开始贬低男人在事业上的价值。"

在美国家庭里住的时候，美国爸经常创造一些"肉麻时刻"，他有的时候出差或者加班，但是只要他在家里看电视，都是抱着美国妈妈坐在沙发上的。每次看到电视里漂亮女人的时候他都呵呵地笑着对美国妈妈说："其实，她没你漂亮！"然后我们三个小孩都乱叫着作鸟兽散。

美国爸爸平时工作并不清闲，但是即使是在出差的时候他也经常给家里打电话，问的都是一些在我看来特别无聊的问题，但美国妈妈每次都特开心地回答这些无聊的日常琐事。李阳的妻子Kim在各种采访中说到的一个最大的问题就是李阳不顾家，从来不回家，并且说她是个"实验品"。如果这样的话是真的，不仅仅是美国人不能容忍，任何一个女人都不能容忍。

我有过一个朋友，是一个加州女孩，非常聪明，但是男友却在加州的社区大学。她的男友经常来看她，但是他们的关系是我见过的最恐怖的关系，她对于爱的需求过于泛滥，从早上短信发到晚上，他在加州，她在费城，如果他不告诉她自己去了哪里，朋友马上就开始有不安全感，然后就是吵闹。在他来学校看她的时候，他们一天到晚都在吵架，她说他“整天都跟社区大学的人混，没有前途”。她经常质问他是不是不爱她了。这种令人痛苦的关系一直持续到某一天晚上，我和另一个室友被他俩撕心裂肺的争吵吵醒，那是期末考试周，他拿着她的电脑（里面有朋友的所有的论文和课件），要从楼上扔下去。我们俩同时跑出去拉，才挽回了她的电脑。

所以在看李阳和Kim的视频时，我明显地感觉到两个人都没有给对方他们想要的东西。Kim希望李阳可以终止做节目，去看小女儿的表演，但在李阳看来这就是没有把他的事业放在第一位，并且让他很不理解。李阳觉得妻子应该全方位支持自己，他自己却从来不回家，总是让妻子帮忙，还在外面说自己从来没有爱过妻子，尤其是最后打了妻子，更是让Kim灰了心。

很多人都认为，结婚之后就能够随意把自己的所有缺点都表现在对方面前，并且指望对方能够容忍，可是实际上不然。我在美国爸妈身上看到的是他们互相的克制和为这段婚姻做出努力，而不是把自己毫不掩饰地全盘交出让对方去承受。“男人需要尊敬，女人需要爱”这一句话给我留下了非常深的印象。我们每个人都在找自己想要的东西，关键是找到一个人，能给你想要的东西。

离上帝多远

爸爸的好友前段时间打来电话，说我有一个好消息，一个坏消息，你想听哪个？爸爸当然说先听好消息。朋友的好消息很好，是他的游记将要被出版。作为一个杂志社编辑，拿点版税，享受自己的文字印刷成册的感觉，肯定美好，但是坏消息却一下子冲消了好消息的喜悦。他说："我得了尿毒症。"

朋友没有医保，查出得了尿毒症以后，大概每星期要上两次医院。一个杂志编辑，即使是出本书，拿个几万块版税，又能拿尿毒症奈何？没办法，现实残酷，四十岁的人，就只能等死。

听到这个消息时，我和爸爸正在湖边散步，夏天的晚上，风很暖，但是我脊背却感到一阵冰凉，竟有种惋惜得想要哭出来的冲动。我个人前几周刚经历和我关系很好的法语教授的去世，本来心情也刚平复不久，听到这个消息，更是触动了那根难过的神经，只恨自己不能挣大钱，好去帮助这个素未谋面的叔叔。

我第一次经历真正的死亡打击，是一个美国同学的去世，那时还在美国交流，上高中，一个朋友车祸身亡，而且是在很多同学面前，在另一个朋友家，他被从坡上溜下来的车子生生夹在了篱笆和车之间，据说从胸往下全部碎掉。事发之后我去了教堂，看了他的遗体，感觉可怕得不真实。一个十七岁的男孩子，就这么一下子说没就没了，像是在做梦。我那时哭得昏天黑地，把自己关在屋子里不出来，不仅仅是惋惜，更有一种潜在的害怕：万一有一天，我也如此苍白的躺在这棺材之中，会怎样？

对比起我的美国家人和同学，我慢慢发现，我是最对死亡伤感的一个。法语教授去世，我几天吃不下饭、睡不着觉，可其他课上的同学却只是伤感那么一会儿，然后接着该干什么干什么。这个问题我在之前那个高中同学去世的时候就发现了——就是我，这么一个和那个去世的同学都不是很熟的人，又是惊恐又是惧怕又是惋惜，真恨不得在葬礼现场晕过去……

是我出了什么问题吗？死亡的重量，在我心头比美国人重出多少来？

学校举行了哀悼法语教授的纪念仪式，发邮件给每个人，说有好吃的、好喝的，请大家聚在一起缅怀K教授。我窝在被子里，没去，怕弄得过于哀伤，又是几天难以入眠。朋友回来，本以为她会泪流满面不能自已，可她却活蹦乱跳地跑进我的房间：“Gogo！你没去真可惜！”

我在床上转过身，背对着她：“我不听！我不听！”

她一下把我被子拉开：“你听我说，一点儿也不悲伤，根本不是你所想的那样！”

后来听她所说，学校按照贵格教[1]的传统，大家围坐一圈，先静静待上大约半个小时，陷在沉思中，然后会有人开口，说出自己想要说的关于教授的话，有些是故事，有些是曾经发生过的对话。然后当第一个人结束，大家静坐一会儿，又有一个人会开口，这样继续下去。有些故事让人开怀大笑，有些则让人落泪，但总体是美好的，一圈人都陷入在对逝者最深沉、最尊敬却也最平静的悼念中。悼念结束，大家吃吃点心，喝点饮料，然后各自回去。明天接着继续。

也许是基督教中人死另有生命的理念使得西方人面对死亡时更为平和，但我在美国生活，感觉却是美国人对于生活的态度造成了他们对于死亡的平静。我也经历过一些中国人的去世，感觉人的尊严就在生命的尽头一下子消失了，垂死的人死皮赖脸地拉着一点点生命不走，在重症监护室还目光炯炯，枯干的手伸出来，抓着家里大人小孩。这种痛苦的、没质量的生活，也要能活一天是一天。可是当美国接待家庭的妈妈得了皮肤癌的时候，他们在家里谈到死亡这个话题，妈妈伸出手来，抚摸我的肩膀：“亲爱的，当上帝要我走时，我就

[1] 贵格教：基督教的一个教派，倡导和平与宗教自由。

走，我去的是个更好的地方。而且我这一辈子，有了你们三个，嫁了这么好的一个男人，我很快乐。我没什么遗憾。”

“没有遗憾”也许这就是减轻死亡的重量的四个字吧。

当你做的每一件事，都不留下遗憾，也许在生命忽然结束的时候，就能够从容，有尊严。记得在*Meet Joe Black*这部电影里，死神扮作一个年轻男子来到一个富豪的家中，要带他离开这个世界。他带着死神参观自己的公司，参加自己的会议，在安排好公司和家里的各种事情之后，在生日晚宴上，他和死神一起离开。闪烁的灯火，碧绿的草坪，两个人的背影……音乐也是欢快的。

在生日晚宴上，富豪致辞：“I thought I was going to sneak away tonight. What a glorious night! Every face I see is a memory. It may not be perfect...perfect memory. Sometimes we’ve had our ups and downs, but we’re all together, And you’re mine, for a night. And I’m going to break precedence and tell you my one candle wish, that you would have a life, as lucky as mine where you can wake up one morning and say, I don’t want anything more. 65 years, don’t they go by a blink?”（我以为我今天晚上会悄悄离去，这是多么美妙的一个夜晚啊！每一张脸都将成为我的记忆，也许这并不是完美的……完美的记忆。有时我们自有我们的坎坷，但是我们在一起，今晚，你们是我的，我要打破先例，告诉你我的一个生日愿望：我希望你们能够拥有一种生活，和我一样幸运的生活。我希望你们能

够在早上睡醒时，感觉自己不想要更多了。六十五年的人生，难道不是一眨眼的事情吗？）

最后，同样也是电影里的一句台词，平静而美好：

You’re not death, you’re just a kid in a suit.（你并没有死去，你只不过是一个穿着西装的孩子。）

民主，你得到你应有的了吗？

高中交换的时候，我在爱荷华州首府得梅因的一所教会学校上学，一年的学费是七千美元。第一次去看学校的时候，恰好下雨，学校就一栋平房，矮矮的、孤零零的，连个操场都没有。据说这里以前就是个健身房，后来他们隔开几间房间建了个学校。说实话，当我们停在学校前头的时候我都有种要哭的冲动——七千美元啊！我来上这么个“希望小学”！

然后我们从另一条路回家，沿途看见得梅因的一所公立学校Valley High School[1]——漂亮的大教学楼、大操场、巨大的停车场。Valley High School大约有四千多人，而且只有十、十一、十二

[1]　西得梅因的一所公立高中。

年级。我们再往回开，在几英里之外的市政府旁边，学校新建的足球场和体育馆上盛气凌人地标着：Valley High School 1938。

在教会学校里，什么都得交钱，而且什么活动都得筹钱。我们啦啦队买不起队服，全队得去比萨店打工筹钱。高三年级组织的波士顿之行，学校一点补助都不给，我们在得梅因市中心的棒球场捡垃圾，天天晚上累得要死，又脏得要死，每个学生都出动全家，每天晚上在万人棒球场捡到一点多，捡了两个星期，才筹到三分之一。学期初的时候学校在一个书店租了间房弄了一个庆祝晚会，其实就是鼓励捐款，每人发一个手册，上面写着：请捐钱！每个家长都带了支票，最后交给学校，但是，就连这捐款晚会，每人都得交五美元饭钱。公立学校呢？参加运动有好教练，而且不用像我们一样到处租体育馆，同时每人还得交一百美元训练费。在公立学校，学生们拥有好老师、好实验室、好图书馆，每年连学费都不用交。

我们的学费都到哪里去了？比公立学校的学生多交出七千美元，参加任何活动都还得自己交钱，不然就得筹钱，真是有些憋屈。我问美国妈妈：“为什么莎拉和克里斯简奥斯汀不去公立学校？”她有些愤怒地抬起头来：“公立学校？我们不想放弃自己的信仰！”

我糊涂了。信仰跟学校有什么关系啊，再说，这是美国啊，是思想自由的美国啊。

她让我到桌前坐下：“莎拉以前在沃基上小学，那是得梅因非常好的公立学校。”

我点点头。

“她在一年级的时候，有一次老师让每个人都带来他们最喜欢的书，”她看着我说，“你知道，我们是基督教家庭，莎拉从小就是基督徒，当别的孩子都带去漫画书的时候，她带去了《圣经》。”

“这很好啊。”我说，有些不解。

她摇摇头：“老师看到了《圣经》，很严肃地跟她说：‘莎拉，以后不能把这种书带到学校来了。’莎拉当时就哭了，她有什么错吗？她是个一年级的孩子啊！她只是在坚持自己的信仰罢了！”

“什么？不让看《圣经》！”

“在公立学校里不许看《圣经》，不许集体祈祷（美国在比赛之前有集体祈祷的传统），这是法律。”她点点头，“你知道吗，莎拉很灰心。他们在公立学校里教的东西完全和我们教给她的不一样，而且对于一个小孩来说，还有什么比不让她信上帝更让她痛苦的吗？”

我咬着嘴唇。我没有想到。

“可笑的是，学校里信佛家的孩子可以看佛教的书，信伊斯兰教的孩子可以看伊斯兰教的书——只有基督教不行！”妈妈说，“莎拉开始厌学，每天回来都在哭……她到四年级还不能读书——四年级还不能！可是克里斯汀没有去沃基，她比莎拉小两岁，读的比莎拉都好！”

“我真的……没有想到。”这是我唯一能说的话了。我没有想到，我也不明白，为什么民主的美国会这样对待基督教徒。

“不过自从我们去了ICA后，一切都好起来了，”妈妈缓和下语气，“莎拉现在是荣誉学生了。”

“但是，”我说，“ICA要交那么多钱，而且……而且谁知道那些钱都到哪去了。”

“税！”美国妈妈睁大了眼睛，“政府啊！我们除了要交公立学校的税以外还得交私立学校的税，这就是我们为什么得交那么多钱！”

“这不公平！”我脱口而出，“谁这么说的？”

她苦笑：“法律。”

我看到了这样几个事实：美国有85％的人是基督徒，而1963年政府颁布法律不允许在公立学校里举行基督教活动。这岂不是对大多数人的迫害？有人这样描述当今美国的基督教：今天的基督教就像是一栋陈旧的、快要倒塌的大楼，我每天必须经过它，但是我已经不再注意它了。

是什么造成了美国基督教这样的现状？在这个基督教徒占绝大多数的国家，为什么会发生这样的事？

政府建立在《圣经》的标准之上，大多数人都认为自己是基督徒，可是在以法治国的美国，当Murray v. Curlett[1]案件打赢的时候，不管有多少人如何生气，从此以后公立学校中便不能够有宗教色彩了。但是人们的确会把怨气发泄在个人身上。起诉公立学校的Murray女士在1995年被谋杀，她的儿子和孙女也被谋杀，而她被冠以“有史以来最招恨的女人”称号。

Christian American?[2]的作者做了许多的电话采访，绝大多数人

[1] 美国最高法院的一起诉讼，最终判定在公立高中组织读《圣经》是违宪的行为。

[2] 一本调查美国基督教徒的书。

都认为这是美国曾经是一个基督教国家的最好的理由：美国是由寻求宗教自由的人们（受迫害的英国清教徒）所建立的。所以这一点奠定了美国无法是一个单一宗教统治的国家。

当然，当这些基督徒们没被代表的时候，其他住在西得梅因的家庭受益了，在他们享受免费的优质教育之时，他们的孩子可以不被影响地随意选择自己的信仰。

那么，美国人有什么方式来争取自己的权益呢？方式很多，我简单举两个普通人参与民主政治的例子：

首先是投票选举。美国不是绝对民主，而是根据每一个州的选举人票数来决定这个州是归哪一个党票的，所以会出现大部分人投票给了一个总统，但是另一个总统当选的情况。

在政治课上我们曾经讨论interest group（利益集团），即一群人组成一个组织筹钱来影响政府做决策。比较好的例子是Plant Parenthood（计划生育协会），他们提供免费的癌症检查、艾滋检查、流产手术、避孕套、避孕药以及性病检查等。Planned Parenthood每年从政府拿钱去给很多穷人进行免费的手术和咨询，这也是2012年保守党竞选人罗姆尼极为反对的一点。当这样的组织壮大到了一定程度的时候，他们就可以影响政府的决策。当然，并不是有钱就搞定一切。的确有学者提出“elitist theory”（精英主义）即有钱人的组织更容易影响政府决策，但是也有学者认为各种利益组织之间相互制衡，而形成了一个“iron triangle”（铁三角），对于政府的影响力是相同的。

可是，给每一个人争取自己权益的机会，同时也是一种不公平。从人之常情来讲，自己去努力争取但是没有得到的时候，比自己没有争取也没有得到要难受得多。在2012年大选结束之后，有一个煤炭公司的老总解雇了156位员工，原因是:The takers outvoted the producers.（索取者赢了创造者）可是当这个国家的制度导致这样的结果时，他们没有任何办法。在美国，人人都恨国会，恨对方党派，恨政府官员，但是却很少有人诟病民主制度本身，但是这种制度难道不是不平等出现的原因吗？这是一个值得思考的问题。

第三篇

不值钱的原则

无论你有多少缺陷，都可以性感迷人

刚到美国的时候，学校里有一个非常漂亮的女生，叫丽贝卡。她有白皙的皮肤，还有像洋娃娃一样天真无邪的棕色大眼睛、棕色的长发和纤长的身材。她很安静，喜欢小动物，高尔夫球打得也非常好。可是当跟自己的美国朋友们说“我认为她真是漂亮极了”的时候，他们都很惊讶：

“她？还可以吧，也可以说是漂亮，但是肯定没有你认为的那么好看。”

“啊？她？我从来没注意到她啊，她又不怎么说话……”

而在我的生活中，自己所在的美国学校里被公认为“漂亮”的一个女生，却令我大跌眼镜。那是一个金发碧眼的姑娘，在我看来五官很不和谐。她的脸很小，却有一只大鼻子，并且并不是很苗条。而且由于打球的缘故，胳膊和腿上都是肌肉。更可怕的是，她的皮肤非常黑，比我的皮肤还要黑一倍！可想而知刚到美国的我是多么迷惑！高中交流的一年过去，都没有觉得她哪里好看，回国一年，还是没能接受这种审美观，到美国大学的第一年，有时在网上看见她的照片，我还是觉得她很丑；可是第二年的时候，我忽然理解了为什么那么多人为她倾倒。

因为她活色生香。

中国人喜欢完美的东西。我们做事情时，总会有一个标准，如果没有达到这个标准即为失败。所以在国内，美女都是一个模子里面刻出来的，皮肤要毫无瑕疵，要有无辜的大眼和温婉的笑容，而且身材要苗条高挑。

而美国人则不同，他们喜欢的是独特的个体，而不完美则是独特的必要条件。美国人喜欢说：“接受自己的不完美，拥抱自己的不完

接受自己的不完美，拥抱自己的不完美。

美。”意思就是：缺点往往能够成为一种迷人之处。

所以大鼻子可以很美，宽下巴可以很美，胖子也可以很迷人，没有什么是刻意规定好的标准。美，完全取决于一个个体对待自己外表的态度。

以前在飞机上曾经遇到一个美国人，他跟我说，在日本的时候，他最困惑的事情是去买蔬菜。因为日本的蔬菜都是用科学技术造出来的完美物种，番茄是完美的球体，而每根黄瓜看上去都一样。

“我根本不敢吃！因为我从未见过这么奇怪的东西，一点都不自然！”他感叹道，“我希望看到的是一个有坑的番茄，一个奇形怪状的黄瓜。”

这就好比东方和西方的审美观：一边是绝对的完美主义；而另一边是绝对的个人主义。

在美国的女明星中，长得最标致、最秀丽的往往不是万里挑一选出来的那个，不是最完美的那个。而最独特的脸孔却最吸引人。在国内的时候我常常很困惑：为什么美国的女明星总是喜欢低下下巴，眼睛向上看，还总是把眉毛画得一副很凶狠的样子？

后来和美国朋友讨论，他们认为，那会给人带来一种神秘而独特的感觉，像是她藏有很多秘密，从而引诱人去发掘。而亚洲的明星却喜欢以天真无邪的面孔示人，仿佛是一张被人一眼就能看穿的“完美白纸”。

在美国人看来，美国美人的标准就是：没有标准。

任何人都能性感迷人，不论你有多少缺陷，只看你能否接受自己。就像约翰尼·德普那艳压群芳的妻子凡妮莎·帕拉迪丝，她在红地毯上自信地笑着，露出她那独一无二的大牙缝。

美式人情味，假装的冷漠

好友接待了两个在北京转机的美国姑娘，早上七点起床开车去机场接她们，晚上带她们出去下馆子，半夜还给送到三里屯夜店里。其中一个姑娘赶乘早上七点的飞机，于是好友又五点钟起床开车送她去机场。我惊讶地说：“天啊！你对她们也太好了吧！”

好友不解地说：“我对谁难道不都是这样的吗？”

仔细一想，似乎的确如此。如果是中国人来我家造访，肯定是衣、食、住、行全包并且几乎全程陪同，但是如果是我的外国朋友，基本上就是扔给她们一间屋子，然后告诉她们北京有哪里可以玩，接下来就什么都不管了。这种方式在外国人看来是非常正常的，而当我在造访我的外国朋友时，也习惯了这种方式，所以时间一久，就开始慢慢地“区别对待”了。

很多久居美国的人会认为美国的人情味不浓，邻里之间只是见面点头，并没有许多交流。在学校里，别人插手你的事情时只是会点到为止，决不会在不经过你同意之下帮你帮到底。经常，同学之间会有这种对话：

“嘿，今天帮我去××拿一下东西吧！我很忙，去不了。”

“抱歉伙计，我今天不太想出门。”

他们连一个借口都不会给，很直白地表示：我不想去，所以我不能帮你。

美国的人情，可以总结成：你永远不要期盼他人会做分外之事，但是如果他们做了，那就是加上的人情分。

2009年的时候整个中部暴雪，我们社区的整个街道都被厚厚的大雪埋住了。这个时候有一个邻居开着一辆铲雪车来帮每一个邻居铲雪。所有的人都非常感激他，事后每家都做了饼干给他送去，以表示对这次帮助的感谢。但是没有人期盼他下一次还来扫雪，当他不出动的时候，大家就会自己出门扫自己的。如果在扫雪的时候碰上，还会点头聊天，但是没有人会觉得：“我的邻居在门外扫雪，为什么不帮我家也扫了？”

关于美国的人情，还有一个非常有趣的例子。暑假刚回美国的时候没有地方住，于是便借宿在华盛顿的朋友那里，正好那几天她出差，于是她便嘱咐我每天给花园浇水，顺便每天遛狗。后来她回来，拿来了支票本，对我说：“每次我离开家，请人来帮我照看家时，我都会给他钱，所以我想你也应该得到你所应得的报酬。”

然后她递给了我一张两百美元的支票。

可以想象当时我的表情是多么纠结！

非常不明白：这是我在她家借宿，是她帮了我的忙，为什么还要反过来给我钱？在我坚定地说我不能要之后，她表情异常坚定地说："如果你不要，我会很难过的。"

这是美国人的绝杀！每当推托到最后一刻的时候，两方中的一方就会说出这句话，结果当然是先说出来的占上风了。

而在我这位朋友看来，给我钱完全是分内的事，而如果恰巧让我住在这里又帮了我的忙的话，那更好；但是无论帮没帮上我的忙，钱都是要给的，因为在美国人看来这完全是两件分开的事情。

当我在爱荷华州的接待家庭里住的时候，买过一个几十美元的摄像头，很久没有用，放在外面的桌子上搞丢了。当时我一顿好找，却还是没有找到，结果接待家庭的妈妈跟我说："对不起，你的摄像头是在我家里丢的，所以我们需要赔你这个摄像头。"我当时也觉得很不解：我住在他们家里整整一年，人家都没收我一分钱，怎么自己丢了个东西还要人家赔？

后来我明白了他们的逻辑：接待我是他们之前商量好的"分内之事"，而我丢了摄像头和这件事是完全分开的，需要分开考虑。

这就是美国式人情。美国人其实非常有人情味，只不过，你不能认为去做这些我们看起来有人情味的事情是他们该做的。

傲慢与偏见——不偏见的美国人

一次聚会上偶遇一位朋友，金发碧眼、家境优越的大四学生，身旁站着一位非常漂亮的姑娘。姑娘漂亮是漂亮，但是看上去完全和他不搭——鼻环、文身、暴露衣服，一打听，是个社区大学的学生。

在那次聚会以后，我在图书馆碰见另一个朋友Z，在交谈时提起了原先的那个朋友，我说："太奇怪了，他怎么会和一个社区大学的女生在一起。"

Z摇摇头，他说这有什么好奇怪的，如果一个人漂亮、聪明、招人喜欢，没人会在乎她在哪里上的大学，她的家庭背景如何。他说这就是美国和中国的区别，美国之所以进步就是因为这是一个很反对偏见的国度，而当他在中国的时候，他感受到了很多一成不变的偏见。

"那些爷爷奶奶去了哈佛，父母去了哈佛，自己又去哈佛的人，他们并不会让美国变得更好，他们只会让美国停留在原来的地方；但是那些贫穷、有好奇心、没有偏见的人会让美国进步。”

非常有意思的是，在美国总统大选的时候，总统总是要挖出自己平民的那一面，即使是含着金汤匙出生的，都要说自己曾经住在农场里，自己小时候的玩伴是多么穷苦，所以他们理解各种不同层次人的生活。而在国内，虽然社会上有些人仇恨上层阶级，但是那些人却都想成为上层阶级。儒家思想对于中国的影响是潜移默化并且长时间的，所以整个社会阶层都是已经设计好的，并且已经存在很久，所以很难跳出这个体系去想问题。但是美国相比起来还是一个相对不成熟的社会，所以还是在鼓励人们去跳出体系去想问题。

比如说美国的电影，很多都是在讲独立的个体和集体的冲突，在讲个体是如何破坏规矩并且建立新的规矩的。著名的电影《出租司机》，就是在讲一个遵循一切规则的出租司机在生活上四处受挫，爱情不顺，事业不顺，最终给自己定了一个任务，即为去刺杀一个参议员，在他刺杀未果之后他到贫民窟里去挑事，和三个黑帮分子决斗，杀了三个人，自己鲜血淋漓地躺在沙发上。本来以为这就是最终的结尾，但是镜头一转，转到一封感谢信和一张贴在墙上的报纸：出租车司机勇斗黑帮分子，所以最终他成为了全市的英雄。这个电影充分地说明了美国人的这种打破规矩的心态——打破规矩的下场总是好的。而如果在一个鼓励打破规矩的社会里，又怎么会有一成不变的偏见呢？

记得有一部电影里有这样的台词：

男主角："我失了业，和女朋友分了手，现在我还在联邦调查局的名单上。"

女主角："天啊，肯定有很多女孩子迷上你！"

放在中国来看，这简直是不可能的事情，女孩子迷上的都是高攀不上的公子哥儿，而并不是无业游民和罪犯。可是由于美国是这样一种反对偏见并且鼓励创新的社会，每个人都可以被放进一个盒子里，每个人却又不能被放进任何一个盒子里。

所以会有被常青藤录取的学生去州立大学，无比聪明的学生选择退学创业，家财万贯的公子哥儿到农场去工作。在电影《宿醉》里，有一个叫作阿伦的角色，他大概三十岁左右，还和富有的爸妈住在一起，像个小孩子一样。在《宿醉2》里，他的一个造型是一个戴着墨镜的光头胖子，留着络腮胡子，穿着皱了吧唧的衬衫，手中拿着一个草帽，帽子里装着一只猴子。就是这样的一个奇怪的角色，却赢得了

由于美国是这样一种反对偏见并且鼓励创新的社会，每个人都可以被放进一个盒子里，但每个人却又不能被放进任何一个盒子里。

非常多人的喜爱，上YouTube一查《宿醉》，最多的就是关于阿伦的视频。美国人爱这个角色，因为他颠覆了所有人对于富家公子的看法。

最好的例子是我的一个好友E，我认识她的时候是在美国交流的那一年。当时好不容易转去另一所高中，然后有人跟我说，这里一个女生去年去过北京。于是便联系她，我们说一天下午在中文教室见面。刚开始我想她一定戴着眼镜，一头棕色头发，脸上有青春痘，个子不高，行为古怪，没想到一进门我看见一个金发披肩的美女，坐在电脑前面学中文。我对她说的第一句话就是："你为什么要去中国？"

"啊？"她有些惊讶，呆呆地瞪着我。

"我觉得你不会喜欢中国的男生啊。"我说。

"但我喜欢中国文化。"她皱了皱眉头，表示很不解。

后来她跟我说，一开始她觉得我特粗鲁，刚开头就问这样的话。

不管怎么说，我们后来成了很好的朋友，她来北京学习的时候我们总是出去喝酒。那时她和一个同是普林斯顿项目里的富二代在约会。富二代不是那种典型的，一眼就能看出来的富二代，他为人很低调，行为也有些奇怪，但是家里很牛，妈妈是普林斯顿的一个校董。那会儿周五晚上他们考完试，我们几个就去三里屯吃饭，他们牵手走在三里屯Village，帅哥、美女，羡煞旁人。

因为没去同一个学校，两个人异地恋，在E回学校不久他们就分手了。E整天以泪洗面，天天看着"高富帅"前男友送给自己的普洱茶发呆。E说她的生活太无趣，除了学习还是学习。我一直很不明白，觉得她那么漂亮，为什么不出去多见见男生，像其他典型的"美富白”一样，天天姐妹会、兄弟会、party，和新男生见面调情忘掉前男友。可是她却就不是这样的人，她每天努力学习，还抽空去做家教，去给穷困小孩免费教书，忙得完全没有时间社交。后来我去她学校看她，发现她完全过的是书虫生活，她删掉了facebook（社交网络），天天bio lab[1]，有了个新男朋友，是一个平凡的高中同学，完全和她以前约会过的那些人不一样。她说：“她觉得自己很悲剧，但是当生活成为一种习惯，那么也只有由它去了。”

E非常努力学习，这点都让我汗颜。她的高中成绩就要比我好出很多，现在的成绩更不用说了，有时候很怕跟她打电话，怕她问我的成绩。在她面前我从来不敢抱怨成绩，因为我知道自己在学习上比她少努力太多了。她来费城看我的时候一到这里倒头就睡，因为在学校睡得不够，现在我和法国室友每周末喝酒party的时候有时就会想到她，她一定是在好好做作业，然后就有一种罪恶感涌上心头。

有时我问她：“你为什么要这么努力学习？”E真的是标准“美富白”，家里很富有，至少上顶尖私立大学自费。现在她facebook又回来了，只加了三十几个人，头像图片绝对不是那种大家都放的最风骚、最好看的，图片上她和她男朋友戴着眼镜看向镜头。“很学术。”她满意地说。

“我总觉得那种生活不是我要的。”她说，“我就是个书呆子，我

[1]　生物实验的缩写。

也承认，我无法做其他人。”

当她告诉我她和那个平凡的高中同学在一起的时候我很惊讶，至少从中国人的眼光来看，她何必呢。而且在和之前的N个“高富帅”分手之后她的眼光怎么能放在“屌丝”身上。可是当我看见他们在一起互相对视、牵手、拥抱、争吵的时候，我意识到他很在乎她，他喜欢这个爱知识、爱学习、不爱party和酒精的漂亮女孩。他喜欢的是一个真实的她。

美国并不是没有中国的这种阶层观念，相反，“高富帅”、“美富白”这些美国都有非常明显的体现，可是在美国，看见的更多是这些人超出我们预期的选择。比如说E，她并没有顶着巨大的社会压力和“高富帅”分手，她难受，是因为他们的感情没了，而不是她无法去高级餐馆坐私人飞机了。

这只是E的故事，它不可复制，它总是给我很多启示。没考好的时候，我羞于去给她打电话，因为我的努力程度完全轮不到抱怨。周六晚上去party的时候，我看着镜子里，然后就想到E镜片后面那双美丽的、充满智慧的眼睛，它们望着的是更远的东西。

“搞不懂”的美国人

大一暑假，提前回了美国，带一个中国学生的旅行团，团里一个小孩下飞机时，手机落在了候机厅充电，出来以后一脸无辜地来找我，说保安不让他进去拿回手机。我们重新折回那道玻璃门，的确，门上贴着禁止进入的标志，就连工作人员都禁止进入，我们只能离开。

小孩急闹着要找回手机，我就隔着门央求安保人员，让他给我们放行。但他说不行，让我们自己下楼找航空公司，隔着玻璃门我俩也互相听不清，喊叫了将近十分钟，才下楼找航空公司，最后航空公司打电话给里面的工作人员，费了好一番周折才把手机拿了出来。

虽然拿到了手机，但是耽误了全团的行程。对于中国人而言，不就是塞给保安一百块然后进去自己拿出来的事吗？或者直接让保安自

美国大巴，在任何一个地方停下，都要记录停车时间、地点以及休息时间，超时罚款，甚至有可能吊销商业驾照。

己去找，让他给拿出来不就好了吗？第一次来美国的人，或许真的搞不明白这些美国人。

每年回国，留学生的I-20表格[1]上都要一个主任的签名。有次我忘了让主任签名，但是当时又急着签证，而且机票已经买了，时间很紧，便发邮件给学校，问可不可以扫描一份签了字的邮件发过来。学校说不行，你邮寄过来，我们给你签好字再帮你寄回去。寄回来是用全球特快专递，好几百块一份的专递，学校出钱。他们宁愿这样，却都不愿绕过规则办事。真搞不明白这些美国人。

美国的大巴司机，每天工作时间最多是十个小时，在任何一个地方停下，都要记录停车时间、地点以及休息时间，超时罚款，甚至还有可

[1] I-20：美国大学给留学生的就学证明。

能吊销商业驾照。每次出团，晚上回来稍微有人迟到导游就紧张地冲学生嚷嚷："你们还想不想让人家继续工作了！这个可不能超时的！"

后来私下里他跟我们说，在美国东部经常因为超时，导游会和司机吵起来，甚至打起来，就是因为这十小时的规定。超时怎么了？咱们国内的大巴司机恨不得从早干到晚，再从晚干到早，有这样的规定，到底让不让人赚钱了？搞不明白这些美国人。

美国的校园内往往都有许多的紧急按钮，如果遇到特殊情况，学生一按按钮，校警会在四十秒内赶到。一般的校园走两步就有一个这样的装置，即使是非常安全的校园也是如此。对我们来说，多么浪费！记得高中的时候大家去美国玩儿，晚上玩"真心话大冒险"的游戏打了警察电话，什么都没说清楚，一片笑声，但是五分钟之内警察赶到。多么浪费警力！搞不明白这些美国人。

带旅游团的最后一个晚上，将近一点钟，一个学生家长打来电话，劈头盖脸把领队老师骂了一顿："你们坐飞机回北京，但是我女儿不想回北京，我们要去厦门，你们得给我家孩子买去厦门的票。你们得派人把我孩子送出机场，你们得把我孩子的行李捎回北京。什么？不行？凭什么不行，不就是把去北京的票转一下吗？我可是交了钱的！不就是送我家孩子出机场吗？多方便，举手之劳。不就是给我家孩子捎行李吗？你们又不是不回北京！你看看，你们怎么这么不讲理，没人性——现在一点了吗？我这儿才中午呢！你们累，我还累呢！我管着这么多人！什么？不愿意！我可认识你们学校校长！"

那天晚上，我似乎有些搞懂了这些"搞不懂"的美国人。

假金发和嬉皮士——美国的姑娘们

从伯克利到洛杉矶，有种很明显的从东海岸飞过来的感觉。我在洛杉矶机场里见到的时尚杂志，要比去年整整一年在学校里看见的都多。尤其是从伯克利大学这样一个很学术、很嬉皮的地方，一下子降落到距此有五个小时车程的南加州。

从东海岸到中西部再到西海岸，美国的姑娘有两类给我非常深的印象：一类是英语中的“Fake Blonde”，我就权以“假金发”来直译；另一类是“hipster”，翻译过来是“嬉皮士”，换作中文语境大概意思就是“文艺青年”。

假金发姑娘有一头金到发白的直头发，这头发如果保养得好，会从里到外都在阳光下闪亮。如果保养得不好，发根是黑色的，一下子就暴露了原先的发色。这头金发是需要每天早上早起，用拉直器一点点拉直的。这项工程在舞会前夕就更加浩大了：先拉直，再用卷发棒卷好，盘起来，这样才能看上去像是原来就是直的一样。

假金发姑娘的金发一般会配上黝黑的皮肤。但这黝黑的肤色也是人为的。她们往往是一周去一次“美黑房”[1]，或者天天在海滩上从早晒到晚所致。她们的脸上往往有着厚厚一层浓妆，好几厘米的眼睫毛忽闪忽闪的。她们中间，有点钱的会拿LV[2]，没什么钱的买个Coach[3]，而家里实在很有钱的很少会让孩子打扮成那个样子。

美国姑娘对于金发黑肤的热忱就好比中国姑娘对于大眼睛的着迷。但是当太多棕发白肤的女孩到美容院去“改头换面”，假金发姑娘的形象便成了一种肤浅的象征。越是偏远的小镇，越是能够看到这样拿着Coach包，穿着很显身材的衣服，声音尖细的姑娘。她们不会错过任何一个去Party的机会，总是和运动员们在一起，如果在大学里，也是全都坐在教室的最后面，和那些运动员们打情骂俏。

而嬉皮士姑娘却是完完全全的另一个物种。在旧金山，在纽约，在很多文化较为长远的美国都市的高校内，那些很有想法，学习成绩很优异的姑娘们总是把自己的态度穿在身上：她们有些剪着短发，系着头巾，带着六十年代那种大个儿的眼睛，身上是一件自己修剪过的某次反战游行的短袖衫，外面套一件在二手货市场买的男式衬衫，两

[1] 美国的一种美容设施，能让皮肤变黑。

[2] Louis Vuitton, 法国奢侈品牌子。

[3] Coach，美国奢侈品牌子。

只袜子永远是不同的颜色。她们在树下看柏拉图和亚里士多德，在防火楼梯上抽着烟写论文。

假金发和嬉皮士姑娘们从来都互相看不顺眼。在学校里，她们永远属于两个完全不同的群体。假金发姑娘们在大学里夜夜笙歌，毕业了以后当鸡尾酒接待员，或者是将自己的人生目标定为“嫁一个有钱人养我一辈子”，而嬉皮士姑娘们拿各种学位毕业证，都很有自己的想法，但不愿追名逐利，经常是去做大学教授，或者在咖啡屋的楼上过一种波希米亚式的生活。

第四篇

越走，越遇不到的美国

芝加哥——浓缩的世界

浓缩的世界

芝加哥是一个浓缩的世界，这里既有漂亮的欧洲建筑，也有脏乱差的地方，类似中国大城市里的街道。当我刚来一天的时候，就对这个地方萌生出一种既尊敬又鄙视、既向往又畏惧的情感来。

因为在美国交流的那一年住在中西部的爱荷华州，周边最近的大城市就是芝加哥，所以我一年中去了两次。第一次是在芝加哥郊外的教堂做志愿者，而第二次则是去探访同样也是交流生的好友Lizzie。

我提前半个月定了大巴的票，三美元，算是最便宜的。当我晚上坐六个小时来到芝加哥Union Station[1]之后，Lizzie和她的接待

[1] 芝加哥市的联合车站。

芝加哥大学附近的一个欧式图书馆。

家庭来接我，忽然看见高中同学时，心里所有一年憋的委屈都喷薄而出，紧紧拥抱着好友，许久不能放手。当晚，我们眯着眼睛，一个在床上，一个在床下，天南海北地聊。忽然Lizzie说："天！看我的窗帘！"我转头，睁眼，竟然发现她的窗帘已经被朝阳点亮了。哈！我们竟然聊了一个晚上！我们商议，干脆不睡了，去买杯星巴克然后到密歇根大街逛街。

也可能是受了Lizzie的影响，那时我总觉得芝加哥很不安全。无比困倦的我们出门去星巴克时，我看见脏乱的路中间走着一个驼背的黑人老头，瘸着腿，骨瘦如柴的手腕从宽宽荡荡的袖口里伸了出来，颤颤巍巍地抖着一个白色的塑料杯。他就走在路中间，像是很自信没有人会撞他，或者是很自信自己的生命对于那些开车过路的人并没有多大价值一样。在红灯的时候，他走到别人半开的窗前，对那些戴着墨镜、漠不关心的人轻轻地祈求。

我透过墨镜看着他，不知道该用什么样的眼光。毕竟，他是看不见我的。

在芝加哥的地铁上我戴着墨镜，这样我可以随意地打量所有人，而他们无法注意到我在看他们。在城铁上，我看那些身材臃肿、嘴唇紧绷的波兰大妈和那些柔柔弱弱的混血帅哥。在密歇根大街上，我看那些穿着旅游鞋，戴着太阳帽，随时随地都感觉要拿起相机拍照的游客，还有那些拿着三明治，走路飞快的上班族。在美国的大城市里，不仅能见到世界各地的人，还能感受到世界上各种特别的自然现象，比如地震——在坐地铁的时候，如果不是我抓住了窗沿，我会被疯狂的震动甩到另一边去。

从芝加哥的南部到北部，就像是从一个世界到了另一个世界一样。南部都是黑人、墨西哥人还有东南亚人，而北部基本上都是有钱的白人和东亚人。在芝加哥坐城铁，会发现在不同的车站有不同的人种下车，而且一下就是一大片。

Lizzie的寄宿家庭住在南部，我们每次都要把城铁坐到头，下来还得转公共汽车。Lizzie跟我说："天天让你坐这么脏的城铁，把你对芝加哥的印象都搞坏了，我得带你去坐一次好的车。"

于是我们从市中心上了辆公交车。哇，感觉就是不一样！车上很干净，也很安静，没有对着手机哇哇乱叫的人，也没有抽烟、衣衫褴褛的人。我们对面坐着一个很有气质的戴墨镜的老太太，她的背挺得笔直。我看见她搭在皮包上的皱纹满布的手，她的指甲做得非常完美。

这次北部之旅改变了我对芝加哥的看法，芝加哥的北部像一个分散的波士顿，富裕、干净、文化气息浓厚。我们走进街角一家旧书店，买了一大堆书，那个慈祥的老店主还送了我一本小书。在“中文”那个架子上，我惊异地看见了一套《还珠格格》的系列书，顿时心生出一种 “老乡见老乡，两眼泪汪汪”的情感来。

去过一次北部再回到南部就有种下乡的感觉。路边垃圾遍布，草坪很久没有修整过，房子也是单调的颜色。这种强烈的对比让我难以相信这竟然存在同一个城市中！

停　电

一次，我们从市中心回家，路上下起了大雨。

车一到站，我和Lizzie就冲了出去，紧张地往家里跑，当我们好不容易安全回家之后，却发现家里没有人，而且停电了！

一个晚上，我们俩缩在沙发上小声说话，生怕会有坏人进来。那是星期五，供电公司的人下班了，而且是双休日！所以我们这一片楼在接下来的两天里全没有电，我们只有在早上把手机、相机和手提电脑带到星巴克去充电，晚上尽量晚回去，能够倒头就睡。这种事，会在芝加哥北部发生吗？我不知道。

没有电的日子真是难熬，Lizzie接待家庭的姐姐和妹妹无聊地坐在蜡烛旁边编手链，用手机放歌。我半夜起来上厕所，把蜡烛一拿过来就听见“呲呲”的声响——我的头发被烧掉一大截！

Lizzie接待家庭的妈妈一天到晚给供电公司打电话，无奈人家说星期一才能开始工作，双休日大家都在休息。于是我们只能忍受着这种可怕的待遇：大热天的没有空调，冰箱里没有能吃的东西，没有灯用，没有电脑玩儿，打印机也不能用，老鹰乐队演唱会的票也没法打出来！

Lizzie愤愤地说：“资本主义！”

我打电话给在爱荷华州的美国妈妈，她嘲讽地一笑：“那是芝加哥啊，他们有工会。哪像我们这里，双休日这些人还都是上班的！”

唐人街

我曾经路过纽约的唐人街，一个感觉就是：脏；另一个感觉就是：温暖，有种到家的感觉。

去芝加哥时是六月中旬，在美国待了十个月的我对中餐无比怀念！于是第一天就求着Lizzie带我去唐人街吃正宗的中餐。可能是坐在高高的城铁上的原因，芝加哥的唐人街显得比纽约的气派了许多，有一个高高的牌楼，还挂了一块“天下为公”的匾。我激动地走去，肚子咕咕直叫。

这个唐人街很空荡，不知为什么很多店铺都关了，广场上也只有几个中国人在散步。再往里头走些就完全是中国的感觉了：美发店、各式菜馆、小诊所、游戏厅随处可见。我们激动地在一家川菜馆里坐下，我点了一碗“香辣牛肉面”，Lizzie更怀念北京菜，她点了一份“老北京炸酱面”。可是上来的是什么啊——牛肉面里面两片肥肉，炸酱面完全是甜的！说实在话，还没有那些美式中餐好吃呢。

“咱们就别付小费了！”我说，“这个真是难吃到一定地步了。”

Lizzie冷笑了一声：“在这里你还想不付小费？在其他美国人开的餐馆可以，在唐人街不行。上次我和别人来这里吃饭，他们最后是不付小费不让走的！”

我皱了皱眉头：“可是我们是中国人啊！”

“就是中国人才要宰你。”Lizzie咕哝。

最后我们非常自觉地付了小费，很礼貌地跟服务员说：“这个炸酱面实在是太甜了，完全都没有那种味道了，以后最好是少放点糖。”

出门的时候，我听见厨房里恼怒的声音：“什么！这有什么问题啊，哪儿甜了……”

地铁和城铁

每次从芝加哥的地铁走出去，看见阳光时，都能感受到生命的美好！在波士顿的时候已经觉得波士顿的地铁很脏了，但是看见了芝加哥的地铁才知道什么叫真正的“脏”！

从痰痕满布的楼梯走下去，是又破旧又昏暗的地铁大厅，中间的座椅上稀稀落落地坐着黑人流浪汉们，他们会抬着眼皮嘲讽地打量着你。那气氛像死水一样凝重，弄得我一直期待着地铁的到来，结果一上地铁马上又后悔了，觉得大厅比起车厢还要好上好多倍！车里非常非常脏，而且非常非常臭，几乎就没有穿着优雅的人。我和Lizzie在角落里找了两个座位坐下，Lizzie叹了口气："唉，要不是坐这个快，我是死也不带你坐这个地铁的！"

她话音刚落，车忽然向旁边猛地歪了一下！我说"歪"都太过柔和了，实际上就像坐过山车时被甩出去的感觉一样！我大叫了一声，情急之下用手抓住窗沿才没有被甩出去！之后那段路我都一直紧紧地抓着布满灰尘的窗沿，以免被摔出去，防止跟那肮脏的地板亲密接触。

城铁跟地铁比起来要好很多，车厢不那么脏，开得也不那么没水平。在老鹰乐队演唱会结束的晚上，我和Lizzie十一点多从市中心的体育馆坐城铁回家。我很累，坐在了靠门的椅子上，歪着脑袋，眯着眼睛。

忽然，一个急刹车，车停了下来。

什么状况？我迷迷糊糊地睁开眼，看见对面的大妈也很迷惑地看着我。

"怎么回事？"我转过头问Lizzie。

"不知道，"Lizzie摇摇头，"以前也没这样过啊。"

就在我打算继续做梦的时候，我身边的门"唰"一下被人从外面扒开了，然后，一只肮脏的、油腻的、留着长长黑黑尖指甲的手抓住了我身边的扶手！

我吓得跳了起来！这么大半夜的，看不到人，也听不到人声，却有一只这么恐怖的手扒上了我的椅子！

这时，手的主人忽然跳进了车——一个身着橙色衣服的维修人员。

我长长地吐了口气，对面的大妈看着我直笑。

那一次真的把我吓到了，就算是现在，一想到那只手，我都会冒冷汗！

感叹一句，还是北京的地铁好！挤就挤点儿吧！

夏威夷——美国之外的美国

暑假的最后一个月，我突发奇想，一个人去了夏威夷群岛。一方面是由于之前看的各种电影、书籍让我对于夏威夷总是抱有幻想；另一方面是由于夏威夷远离美国本土，却又是美国领土，让我不禁好

夏威夷，一个远离美国本土的小岛，却继承了美国独有的精神并把这种精神发扬光大，这才是夏威夷最为“美国化”的地方。

奇：那里的人是怎样生活的？他们和本土的美国人又有什么区别？当然，也少不了玩心。

国人在想到美国的时候，大部分都是美国本土，而夏威夷和阿拉斯加却总是不被提及。而在我看来，一个远离美国本土的小岛，却继承了美国独有的精神并把这种精神发扬光大，我想这才是夏威夷最为“美国化”的地方。

火奴鲁鲁

在从机场到青年旅舍的路上，我往窗外看，不禁打一个寒战——“贫穷”是第一个蹦出我脑海的字眼！低矮的、破旧的房屋，电线上晾着衣服，小孩子们在污染严重的河边玩耍。我不禁问自己：“这难道就是明信片中美丽的夏威夷吗？那些赤红的日落，柔软的沙滩，漂亮的酒店都在哪里？”

但随着我们一点点靠近怀基基海滩，周围的一切便像是从明信片中蹦出来一样。等到我从青年旅舍出来，走到海滩去散步时，眼前的美景便把我完全迷住了——高大的棕榈树随着晚风摇曳，远处那一线还未落下去的夕阳将云染成赤红。沙滩旁边有精致的铜制火把，还有穿着草裙的舞者在教游客们跳舞。路上走过来的都是青春洋溢的身体，有着古铜色皮肤的漂亮姑娘湿着头发扛着冲浪板从人行道上走过，怀基基海滩前一点点的浪花映衬着夕阳，那温软的、缓缓起伏的大海，仿佛是一个年轻母亲的胸膛。

我去过佛罗里达，也在加州的海滩上漫过步，但是没有一个地方像怀基基海滩一样那么美，那美仿佛是要将你的心灵融化掉。和同住的室友们讨论，她们却说这里太为拥挤，游客太多。可是也正是旅游业的兴盛，才创造了这么美的一片海域，因为各种建筑，各种设施完全是建立在旅客的感受上的。免费的日语大巴（因为有很多日本游客），充满南部风情的大旅馆，各种亚洲的小吃，还有随处可见的商贩。在怀基基海滩，完全感受不到美国大陆那种大空旷和大荒凉，而更像王府井一样热闹。

一个人旅行的时候，你不会觉得自己在思考人生，但是单独旅行、交朋友的整个过程实际上就在改变你思考的方式。

北　岸

North Shore（北岸）位于欧胡岛的北端，有着有名的Waimea bay[1]。20世纪90年代的时候还有一个有名的电影叫作《北岸》，讲的便是冲浪者的故事。我住在北岸的时候，同住的有一个五十多岁的老冲浪者，头发编成“脏辫”[2]，总是穿着一件宽大的T恤，坐在屋子外面听收音机抽大麻。有人走过，他便友好地招手。

他叫乔伊。

当我第一次与他交谈的时候，他友好地问我：“小妹妹，你从美

[1]　Waimea bay，即威美亚湾，是一个传奇般的冲浪地点，促进了巨浪冲浪运动的诞生。

[2]　一种在美国黑人中流行的马尾发型。

国来？”我疑惑地看着他：“难道这里不是美国吗？”

“呵呵呵！”他把摇椅往前一倾，双眼炯炯有神地说，“在夏威夷，我们可不觉得自己和大陆客有什么一样的。让我来告诉你——他们根本不会生活！”

“不会生活？”

“是啊，每天匆忙地工作生活，没有时间观看身边的美景，也没有时间去陪伴家人，这一定不是夏威夷人生活的方式。”

我的一个同学，在夏威夷学习了半年以后回来告诉我：“夏威夷的确是个慢节奏的地方，可是有些时候节奏实在是太慢，让人受不了。比如我们在过马路的时候，即使是从高速公路上走过，都不会出事，因为司机看见你就会停下来。可是有一次经历彻底颠覆了我对夏威夷的感受。”

“有一次星期五晚上，我的一个朋友喝多了，从学校里穿过马路，直接跑到悬崖上，然后从悬崖上摔了下去。那个悬崖不是很高，但是还是把我们都吓了一跳，于是我们马上打电话给警察。我们在原处等着，一直等了整整四十五分钟，救护车才到！整整四十五分钟啊！一条人命都可能没了！简直无法想象。如果是在大陆，这种事情就基本上不会发生，这也是我为什么受不了夏威夷的一个原因。”

的确，我和青年旅舍里认识的瑞士朋友婷娜曾经在北岸等公共汽车，本来应该是半个小时来的公交车，等了足足两个小时都没有到，主要是等车的当地人反而不急，甚至还笑着和我们聊天，最后我们决定站在路边搭车。

当我们搭车回旅舍的时候，一辆吉普停了下来，从车上走下来一个戴头巾的夏威夷男人："姑娘们好！"他乐呵呵地说，"等我先把我的车整理一下再让你们进来。"

然后他一把拉开后备厢——我的天啊！整个车都被塞满了！有钓鱼竿、冲浪板、各种帆布包、大箱子、冰箱、衣服。车厢里弥漫着一种海盐与熟食混合在一起的味道。我和婷娜睁大眼睛对视了一下，婷娜非常礼貌地说："先生，我觉得我们可以找另一辆车……"

"不用！"他转过身，坚决地说，"我吉姆答应的事情就一定会做到！你们不用担心，我会把你们送到你们要去的地方。"

然后他转过身，继续收拾东西。

最后总算是腾出了一点点地方，我们坐进车里。

"今天我女朋友和我分手了，她把我赶了出来。"他乐呵呵地说。

我和婷娜面面相觑。

"真遗憾。"我说。

"哈哈，没啥大不了的。"他说，"没啥，我告诉你，虽然她今天把我踢了出来，把我的东西也都扔了出来，但是我们是天生一对，以后肯定会在一起的。"

"她说吉姆你天天就只知道钓鱼，你都四十九岁了，还不干点儿正事。可是我们之间的分歧不仅仅是这个，她想要一个有机农场，但是我想要个鱼塘，哈哈，这就是我们不同的地方。"

四十九岁了？他看上去就像三十岁一样。

"你们要去哪里？"过了一会儿，吉姆问。

"××青年旅舍。"婷娜说，"但是把我们放在下一个路口就可以啦，我们能走回去。”

“那怎么行！”他说，“我要把你们送到青年旅舍。”

他哼着歌，不停地晃晃晃，车也跟着晃晃晃，车前镜上挂着的花链也跟着晃晃晃。

“喜欢不？”他问我，然后把那花做的链子取了下来，塞到我手里：“来，戴起来。”

“不用……没事……”我急忙说。

“能带给你好梦的！”他坚持。

到下车的时候，我们道完谢，正准备往宿舍走，他忽然打开后备厢，取出一个黄色塑料袋的包裹：“明天是我五十岁生日！请你们吃烤鸡！”塞到我怀里的，竟然是一整只烤好的鸡！

我生平第一次遇见这样的事，不知道该怎么做，只是瞪大了眼看着手中这只六七斤的鸡。他像变魔术一样又拿出三听冰可乐塞到我怀里：“这个得配着可乐吃才好！哈哈哈！”

这就是夏威夷，节奏非常慢，但是人民却平平顺顺，安居乐业。只要有稳定的收入，有吃有穿有朋友，就没有什么其他特别的要求了。每个人都非常友好，他们有很平和的内心，不愿意去向他人索求太多。仿佛每天睁开双眼，面朝大海，便会春暖花开。

毛伊岛

到了毛伊岛，就像是进了中国的山村，放眼望去没有一座高楼，晚上没有路灯，星星点点的灯光遍布在山丘上，偶尔有大货车经过。

最繁华的小城拉海纳是完全靠旅游业支撑起来的，好一点儿的餐馆里全都是说着各种口音的游客，而完全见不到当地人。不禁感叹当地的贫富差距之大！

毛伊岛以自然风光出名，有着世界上最大的死火山——哈雷卡拉火山。游客徒步走到山顶大概需要六个小时，山顶上非常冷，就像到了另外一个世界一般，一切都是从未见过的景象。布满碎石的路面中间跳着长着翅膀但不能飞的鸟，山顶上有一个巨大的坑，里面犹如月球表面，有平坦之处，也有凹凸之处。最神奇的莫过于周身的云朵。由于我们置身于毛伊岛的最高点，云朵都是在半山腰，而夕阳西下的时候能清晰地看见自己身边不断变暗，山脚下先变亮，后来慢慢昏沉下来。到了夜晚，整个银河都清晰地映在天穹上，仿佛是挂在头上的一幅画！可惜极度的寒冷驱逐了我们对美的渴望，于是大家驱车返回青年旅舍。

在拉海纳镇上一个专营鲨鱼牙齿的店里，我找到一枚虎鲨的牙齿，小小的，边上有齿，用绳子穿起来可以挂在脖子上。有意思的是，在店员给我的包装上，有一张纸条写着：如果你戴着这条项链被鲨鱼伤害了，我们承诺会给你全额退款！

夏威夷有一种慵懒的美，它以最本真的面目吸引着各地的游客。虽然游人众多，由于环境保护得很好，并没有被破坏了的感觉。在去夏威夷的飞机上，我们每个人都要填很长的申报清单，为的就是防止游客带进外来物种，破坏夏威夷的生态环境。在北岸的时候，我们到一片海滩上去看海龟，当海龟慢慢爬上沙滩，马上便有志愿者拿着绳子在海龟身边画出直径大概一米的圆圈，人们可以站在圈外观看，但不能入内。即使是在最拥挤的海滩也很少看见垃圾，可见，游人和当地居民多么注重保护环境。与拥挤的火奴鲁鲁不同，毛伊岛并没有那么多游客，也没有那么多专门为外国人开发的景点，大部分地方是原始而荒凉的。但是它的荒凉却有另一种美。站在三千米高的火山口往下看，云就围绕在身边，天黑了，我们在寒风中等星星出来，然后用肉眼看银河，那种唯美的场面或许只有在动画片里才会出现。

真是一个让人不愿意动脑子的地方。

深夜时，我和同行的意大利朋友们返回旅舍。旅舍里的人们正在party，满桌子的啤酒，户外的棚子里站满了脱去上衣的冲浪男孩和皮肤黝黑的比基尼美女。一个白胡子老头坐在角落里，笑眯眯地看着面前这一场充满了荷尔蒙的情色盛宴。我和朋友聊了两句，老人正好走过来跟我们说话。

“你，”他醉醺醺地指着我说，“你是加州来的？”

“我？”我说，“不，我是从中国来的。”

“中国！”他咧开嘴笑了，手指中间夹着的烟卷一颤，“你看上去像个冲浪的小妞儿。”

“那可真是对我的赞美。”我由衷地说。

“我曾经也天天冲浪，”他说，“从佛罗里达到加州，再到夏威夷……我去过美国所有的海岸！我失去了工作，但我毫不在乎……”

“嘿，哥儿们，”忽然一个人伸过手来，“给我也来一口行不？”

老头儿咧着嘴把烟卷递过去，一股浓烈的大麻味扑面而来。

“我就搬到了毛伊岛，”他继续说，“然后我开了这家旅舍！我的姐姐是个律师，在纽约过着生不如死的日子。的确，她是挺有钱的，但是她天天得看别人的脸色做事，朝九晚五的工作……我可过不了那种生活！过不了！你看我现在多好，我有钱，可以想什么时候起床什么时候起床……我还可以天天见到你们这些年轻人。哈！你也来抽一口？我可是有药用大麻证明的，这是合法的……”

“你知道怎么才能获得我这样的生活吗？放弃你的理智，让你的潜意识来主宰你——就像我，正是因为我被解雇了，我才能开始自己创业。一切都是自然的、毫无安排的。而相信我，当你不去使用你的理智时，你的潜意识才会开始主宰你的生活，才能够为你做出最自然的安排。”

泥土，花草，浪花，被阳光晒得黝黑的男男女女，火山，海风，这一切都在改变我，而也是这位老者最后的一席话点醒了我。

这二十天中，我和很多陌生人一起出去登山、划船、潜水、冲浪，他们是我见过最美好的陌生人——健壮的身体，干净的灵魂，冒险的精神，谁在乎他们挣多少？上没上过大学？晚上我们在海边点起篝火，弹夏威夷吉他，一帮说着不同口音的人，谈论各种各样的事情。谁在乎谁上了常青藤？这些已经足够美好。

也许一切早就应当顺其自然。

长岛——被遗忘的富人区

在电影*School Tie*中，一家五代上哈佛的迪伦，对出生在小镇上却因为足球踢得非常棒，而被招进同一所贵族预科中学的丹尼描述他的生活：“他们让你去做什么，你就去做，这就够了。你肯定能得到你想要的生活，不管你喜欢不喜欢。”

长岛上的海边女孩。

春假期间我和我的好友希尔比去看望她们家在纽约长岛的好朋友。我们走出车站后，看见一个皮肤呈健康黝黑色的中年白人妇女，她穿着网球裙大步地向我们走来。她就是K夫人（在此，我就用K代表他们的姓氏）。

她轻快地向我们问好，优雅地和我们行贴面礼，然后微笑着让我们原谅她身上刚刚打完网球的气味——其实哪里有气味啊！我只能闻见香水的味道。她走过来，领着我们去她的奔驰SUV，然后在开车的路上开始跟我们讲她的四个孩子：大女儿凯蒂，在耶鲁，现在在法国学习；二女儿安狄，和我们一样大，在康奈尔足球队，春假的前两天去巴黎看她姐姐，明天会回家；三女儿朱丽叶还在上高中；而小儿子杰米，才初一，却在学校的摔跤队里打败了所有的比他大的选手，高年级的教练都来“预定”他。我们经过一处漂亮的海滩，她掉了个头，开到另一片海滩前。

“这是我们夏天的海滩俱乐部，”她说，“夏天的时候，我们和我们的邻居都聚到这里，划船、打网球、吃东西什么的。”

虽然是春天，这个海滩上的设施已经一年没用了。那里一个比一个豪华的私人游艇和帆船还是令我吃了一惊，仿佛就是电影里出来的一样。我和希尔比在他们家的另一片私人海滩上度过了一个悠哉的下午，荡秋千、散步，整个海滩上就我们两个人。希尔比指着海滩上的一座房子：“那是比利·乔[1]的房子，我们曾看见他从那里登上过一架直升机。”

有一次我看见希尔比在看另一个男生的facebook，我凑过去看，然后咯咯地笑着捅她。她说：“笑什么，我在看我的邻居而已。”我凑上去看，是那个男生咧着嘴和齐达内的合影。希尔比在马德里的家就住在齐达内家的旁边，她经常能在健身房里见到齐达内的妻子和孩子。

我和希尔比在K夫人家的私人海滩上散步。从海滩的一头走到另一头，聊了很长时间。希尔比是一个很复杂的个体，她在非常富裕的家庭里长大，但却憎恨那种充斥着金钱和欲望的生活。比如我们在长岛住的这个家庭，是她父母的好友，一家十四个上康奈尔大学的，拥有私人海滩、游艇、大房子、好车，但是希尔比非常不喜欢这种生活状态。但同时她也知道她无法离开这种生活，因为这是她所习惯的生活，是她自出生起便开始的生活。她可以在拥有这一切的同时鄙视这一切，但是她过不了失去这些的生活。我们边走边聊天，从海滩的一头走到另一头，中间的海滩上还铺满着各种礁石。那个下午，我认识了两只友好的拉布拉多犬，读了会儿书，画了两幅画。我们回来时K夫人已经做好了晚饭——浓汤和面包，很美味。

我们和这家人一同吃饭，饭桌上的聊天话题总是围绕着他们优

[1] 美国著名歌手。

富人的生活，有时候是我们难以想象的。

秀的孩子还有他们朋友的生活。然后他们谈到了他们和希尔比父母的一个共同的朋友。这个人也是他们在法国认识的一个巨富，但家里的三个孩子，一个进了戒毒所，一个很早就了离婚，还有一个女儿去了一所很好的文理学院，却是同性恋，找了个女朋友。他们在那里摇头说："太悲剧了。"

希尔比对此很生气，她觉得他们没有资格评判别人的生活。后来她跟我说她觉得真正粗俗的是那些物质的东西，那些看上去毫无生命的房子。她说每次她妈妈跟这家人在一起的时候，她妈妈的攀比心就显现出来了。K夫人有的东西她妈妈也想买，就连颜色都要一样的。

我们聊到我们的大学，她认为那是一个非常有思想的小圈子。大家从不谈论电视剧，总是哲学、艺术，还有这个世界。这是为什么我们经常选择周五晚上不出去party而是在宿舍里聊天的原因。很奇怪的是，这个小圈子里的每个人都很有钱，但是没人在乎这些，也没人谈论这个。大家因为思想而在一起，而不是因为物质的原因。

我们走在沙滩上，没有一个人。希尔比说："你永远都不能和你想成为的人成为朋友。"这话很对，如果你崇拜一个人，去以一种膜拜的心理看他（她），你们总会是不平等的，也就不会从一个出发点来看问题，就无法真正交心。

在长岛我想了很多，尤其是住在K夫人家里的时候。听到K夫人跟别人打电话："是啊，你就让他去吧，先读哈佛，然后读MBA，多好。"她的家庭不代表美国大多数人，仅仅代表那个不去华尔街抗议的1%。当K夫人送我们回纽约的时候，我看着附近的房子，意识到那是美国最有钱的汉普顿郡，忽然电影里迪伦的声音响起："他们让你去做什么，你就去做，这就够了。你肯定能得到你想要的生活，不管你喜欢不喜欢。"

国会山——另类人群的生活

夏天的时候住在华盛顿的国会山上，那是一片很好的社区，大多数人都在国会山工作，有着漂亮的小房子，照料得很好的小花园和可爱的狗。华盛顿和其他大城市不一样，在这里——尤其是在国会山上——大部分人在乎的都是他们在政府里的地位而并非其他的东西。

所以一切都还是恰到好处的奢侈。房子都比较小，但都种满了漂亮的植物，并且有专人来打扫。房子前停的车并不见很多奔驰、宝马，基本上都是很低调、很职业的款式，车的颜色也大多都是黑灰或者其他暗色。即使是最热的夏天，路上也全都是西装革履的男女，他们戴着墨镜，快速但优雅地拿着冰咖啡走在路上。

住在国会山之前我刚好从洛杉矶那边飞过来，整个风格就感觉非常不同。加州的确有很多有钱人，但是他们显得更加高调、休闲。

我住在一位年长的朋友家，她曾经在五角大楼里工作多年，现在自己在华盛顿做lobbyist（议院外的游说者）。我到她家借宿的时候她正好要去得克萨斯州出差，留下房子和自己的小柯基犬给我照料。美国人称此为“house sitting”，字面上的意思是“坐在房子里”，也就是指当自己出差的时候请人照料家里。

每天六七点的时候，当天的报纸就会被扔到花园里。朋友的习惯是每天五点多就起床，去体育馆游泳、跑步，然后六点多回来，喂小狗吃早餐、遛狗，在遛狗回来后捡起报纸，吃早餐、读信、看报纸，接下来到楼上自己的办公室开始工作。我听说她以前在五角大楼工作的时候，早晨七点就要到班，经常晚上十点才回来。所以现在这样的生活对她而言应该是种放松吧。

当她不在家的时候，我便会带着小柯基犬出门，九点多的时候街上便看不见工作的人了，因为那时大部分人都已经到办公室开始工作了。那些鼓捣花园的、遛狗的，或是跑步的人，便基本上是家庭主妇和退休了的老人。他们都很友好，经常想要跟你说上几句。可是这种友好却又显得有些空虚——在这个影响着全世界政治走向的小区域内，他们扮演着这样无足轻重的角色——哎哟，不好说，这里的每个人都不能小视！

午餐时间到了，那些在国会山上工作的年轻的西装男们便一涌而出，到各种餐厅里去买一份盒装的沙拉，他们几乎没有时间坐下来细细品尝一份午餐。而即使是这种小盒的沙拉也因为贴上了“健康食物”的标签而变得非常昂贵。在这里你很少看到垃圾食品的快餐店，

加州位于美国西部，是美国经济最发达、人口最多的州。

毕竟，这些未来的政治家们很明白自己该吃什么，不该吃什么。

周六日的时候，国会山便像长岛或者加州中随便的一个高档住宅区一样——路上随处可见做运动的人们，还有推着儿童车晒太阳的年轻爸爸。

雇来清理花园的墨西哥人也出动了，那些明显不属于这个社区的旧车，停在那些高档却低调的车旁边——贵族车的车窗上往往还贴着家里孩子去过的学校标签——乔治城、普林斯顿、安姆赫斯特、哈佛。

在国会山上还有一个很奇妙的群体，这个群体便是一群刚毕业的大学生。他们一般认识在国会山工作的人，于是可以借住在这里，直到他们找到工作。这期间他们也会帮助借住的家庭修剪花园、遛遛狗、照料小孩。如果是在平时的午间我出门遛狗，经常就会看见一些穿着印有学校名字的T恤衫的大学生，在烈日下遛狗。他们有些看上去很迷茫，有些却很自信。可是在经过那些挤满年轻政治家的咖啡馆门口，他们总是看向另一边，快速而低声地催促链条那端的生物：

“快！快走！”

迈阿密——海滩边的浮华

同为海滩边的旅游城市，檀香山较迈阿密而言就显得更加休闲和轻松。如果把檀香山比作一个棕色短发，古铜皮肤，眼中含满阳光的逐浪少女的话，迈阿密便是一个金色长发，古铜皮肤，烈焰红唇的派对女孩。在怀基基海滩上，看见的大部分都是整个家庭，父母带着孩子学习冲浪，新婚夫妇来度蜜月。而在迈阿密的south beach（南部海滩）上，很多都是单身而多金的年轻人结伴而来，白天晒海滩，晚上去夜店。这两者本毫不搭边的氛围，却被迈阿密这个浮华的城市融合在了一起。

在迈阿密待了两天，我就深深感到有两点特别不爽：一、自己不到二十一岁；二、不会西班牙语。迈阿密挤满了南美的移民，非法的、合法的都有。各大商店里面的售货小姐没有一个说英语不带口音的，更奇怪的是那些看上去完全不像南美人的金发碧眼的小姑娘们走在路上也说西班牙语。在青年旅舍里打扫房间的古巴小姑娘有一次在我在屋里的时候走进来，我们非常艰难地进行对话——她不会英文我不会西班牙语，几乎完全用手势交流。还有楼下做饭的大妈，会说两三个英语单词，却也没见生活有多么不便——所有在青年旅舍工作的人都会西班牙语，隔壁超市的收银员只会用英语说数字，就连路上的流浪汉都好像是刚学了两句“给我点零钱吧”，然后就来冲旅游者要饭。在迈阿密，仿佛就是到了南美国家在北美的殖民地一样。

美国的法定喝酒年龄是二十一岁，如果在二十一岁以下连夜店都无法进去。而迈阿密最吸引游人的又恰恰是它的夜生活。在夏威夷的青年旅舍里一般都有什么火山一日游、篝火晚会等活动，可是迈阿密的青年旅舍却一直组织晚上去夜店，甚至还有专门的party bus（聚会公车）载着满满一车喝醉了的年轻人出门。这里的夜店行业已经成熟得不行，和周边的旅社还有青年旅舍合作营业，推出各种各样招揽顾客的手段，比如女士免费之类的活动。迈阿密的夜店都要求着装，会有专门的人在门口查衣着，女士必须穿高跟鞋，男士必须穿衬衫，不能穿“人字拖”。

在一个周四下午，我和两个青年旅舍里的欧洲姑娘一起出去，我们在沙滩旁边的一个酒吧里喝酒。服务生一见是三个年轻姑娘就激动得不行，恨不得把酒免费给我们让我们在这里待着。这里提供的酒量非常大，盛在碗一样大的杯子里，而且在我们点的鸡尾酒上来之前服务生还给我们一人上了一个tequila[1]短饮。

这杯酒让我们足足喝了两个小时，在此期间服务生无数次拿着水果酒走过来扶起我们的头就往我们嘴里灌。而且还多次拿着tequila短饮过来连杯子一起放进我们碗一样大的鸡尾酒里。所以当我们喝完之后，我们全都已经摇摇晃晃了。

沿着south beach一圈全是各种酒吧、夜店，还不时地会有夜店promoter（为夜店做宣传的人）来找单身的姑娘，邀请她们晚上出去玩儿，这里面的利益链一环接一环，最终谁都受益。来迈阿密夜店的单身钻石王老五希望在夜店开VIP包间见漂亮姑娘，花多少钱都无所谓，而姑娘们只是想以最少的钱玩个开心，于是夜店的宣传人员白天就会在路上的酒吧里寻找一群一群的年轻姑娘，然后把她们放在VIP名单上。进场酒水免费，还能见明星（在迈阿密夜店撞星太简单了，美国小报狗仔蹲点的就是这些散在south beach上的夜店），这样姑娘得益，夜店得钱和美名，钻石王老五可以不用跟其他男人分享姑娘（因为男士如果不交钱定座位是进不了VIP舞池的），每个人都快乐。仔细想想这还真是一个复杂而精巧的体制！

可是在south beach待久了，却觉得这里愈加无聊。昂贵的海边餐馆里坐着的是脚踏超高跟鞋，手里各种名牌，硅胶胸部，做过各种手术的年轻女孩和有钱的男人，而在漂亮的街道背后，却是废弃的小

[1]　龙舌兰酒。

south beach一圈全是各种酒吧，宣传人员寻找单身的年轻姑娘，酒水免费，以此吸引更多的顾客。

巷，时不时有贩毒者在垃圾桶旁边抽着烟等人。我走进了一家叫作“西贡小姐”的越南餐馆，在吃完米粉之后老板走过来，问我愿意要什么甜点，他乐意免费送我。在我吃着美味的巧克力慕斯的时候，亚裔的老板走过来，笑着问我：“你知道为什么我们免费给你甜点吗？”

“为什么？”

“因为我们不希望看见比自己瘦的人。”

我被逗乐了：“你是越南人？”

“我很小的时候就来美国了。”老板是个很好的人，他拉了张凳子坐下，我们开始聊天。

“你喜欢迈阿密吗？”我问。

“south beach？”他摇摇头，“不喜欢，我两周之前租下了这块地盘，我在这里工作了两周，实在是有点不习惯——全都是钱、钱、钱。为了钱什么都可以做。”

“这里太肤浅，”我说，“看看刚才坐在外面吃饭的那个女生，她的什么都是假的——假的胸，脸部做过整容手术，将近十二厘米高的高跟鞋……可是在south beach，四处都是这样的女孩子。我不明白，她们怎么有钱买那么多衣服和包？”

“你看见刚才和她在一起的那个男人了吗？”老板说，“他有钱，他是个DJ，这些女孩就靠傍着有钱的男人。”

“我本来以为迈阿密会和夏威夷很像。”我摇摇头，“都有海滩，都是美丽的天气，没想到完全不同。”

“夏威夷是个有文化底蕴的好地方，而这里只是最肤浅的那些东西——钱、漂亮女孩、好车、派对。”

“我再同意不过了，”我说，“来这里每天看到的都是同样的东西，每个人都在做同样的事——把漂亮女孩搞到酒吧去，吸引有钱男人，从中获益，每个人都是这个产业中的一部分。在这里吃饭也是件难事，你看见昂贵的餐馆，或者是极其粗糙的比萨和素食，一切都是以‘快’和‘显摆’为标准的。而这里的河粉和你们的态度却是和我去过的其他餐馆极不一样，显得很真实。”

老板点点头：“我在另一块地方也有个餐馆，已经经营了十几年，所有的顾客都是老顾客，我们做的是回头客生意。要做好餐馆，得先有颗慢的心。”

我咬咬嘴唇，把这话记在心里。与老板畅谈半小时后，我极其满足地走出了餐馆，站上了开满昂贵跑车的街道。这是一个浮华的世界，却总会有那么些真实而美丽的东西，就站在那里，安安静静。

纽约——你可以成为任何人

I would give the greatest sunset in the world for one sight of New York's skyline. Particularly when one can't see the details. Just the shapes. The shapes and the thought that made them. The sky over New York and the will of man made visible. What other religion do we need And then people tell me about pilgrimages to some dank pesthole in a jungle where they go to do homage to a crumbling temple, to a leering stone monster with a pot belly, created by some leprous savage. Is it beauty and genius they want to see Do they seek a sense of the sublime? Let them come to New York, stand on the shore of the Hudson, look and kneel. When I see the city from my window – no, I don't feel how small I am – but I feel that if a war came to threaten this, I would throw myself into space, over the city, and protect these buildings with my body.

—Ayn Rand *The Fountainhead*

我会用世上最美的日落来交换纽约的天际线。特别是当你们看不见细节，只能看见形状的时候，他们的形状和创造出这些形状背后的思想。我们还需要其他的宗教吗？然后人们告诉我他们去那些摇摇欲坠的寺庙朝圣，去见一些被患有麻风病的野蛮人创造出的有着啤酒肚的石头怪物，他们想见到的是美和天才吗？他们在寻找神圣的感觉吗？让他们来到纽约，站在哈得孙河岸，跪拜吧。当我从窗外看去见到这个城市——不，我不感觉到我自身的渺小——但是我觉得如果有一场战争要来威胁我们，我会将自己扔出窗外，覆盖住这个城市，用我的身体来保护这些大楼。

——安·兰德《源泉》

来美国的两年来，我去过多少次纽约，却从未写过纽约。这个城市好比北京于我，因为太熟悉，感情至深，要写的时候却无从下笔。在爱荷华，你可以是一个小镇姑娘；在费城，你可以是个大学学生；在夏威夷，你可以是个每天听音乐、写诗、抽大麻的嬉皮士；在迈阿密，你可以是个脚蹬十厘米高跟鞋的派对动物；但是在纽约，你可以是这一切。

那是一个非常成熟的城市，每个人似乎都能在这三百平方英里中找到属于自己的地方和属于自己的人群，那也是个非常喧嚣的城市，汽车喇叭声、人声、音乐声交杂一片。那同时是一个非常智慧的城市，聚集了这个世界上最有思想的一群人。那还是个非常孤独的城市，在穿梭的地下通道里，在庞大的布鲁克林大桥上，在法拉盛的火锅店里，在上东区的高档公寓中，你总能听见轻轻的一声叹息。

在纽约的五个区中，我最熟悉的便是曼哈顿。曼哈顿分三个区：上城、中城和下城。上城比较富裕，是有钱人的居住区，也比较无聊，除了大都会博物馆和中央公园以外也没有什么可以看的，中城和下城就要有意思很多，有各种商业区，各种小吃，各种有意思的酒吧和咖啡馆。

好友是典型的在纽约的中国留学生。报纸、网络、熟人全都用上，和另一个姑娘在28街租上了一间小屋。“怎么也比住学校宿舍便

纽约，一个多样的城市，在这里你可以成为任何一个你想成为的人。

宜。”她说这话的时候正帮我打开门，面前是一条弥漫着中餐馆味道的狭窄走廊，尽头是摇摇晃晃的木楼梯。走上楼梯便看见她的小房间，打开门是从温馨的宜家买的小沙发，堆成山的书本。租金很贵，屋子很小。两个人共享一间一室的屋子，楼下吃饭写作业，楼上隔出来一个只能爬行前进的阁楼，阁楼上放两张床睡觉。厕所、浴室和厨房挤在一个小小的五平方米的空间里，马桶旁边便是锅碗瓢盆。窗户用黑色的纸蒙上，因为窗外是光秃秃的平台和烟囱，寂寥得让人心寒，冬天的时候就连鸟儿都不肯光顾这一片灰秃秃的地盘。

好友在纽约待了两年，已经成为一个真正的纽约客了。她知道曼哈顿最便宜最好的二手衣服店，也知道哪家咖啡馆在周日有最好吃的早午餐，在周末她会坐地铁去布鲁克林的酒吧看后海大鲨鱼的演出，在暖洋洋的秋日下午她也会走到联合广场去，然后在长椅上坐下来，读一本书，用手里的面包喂鸽子。她说街边的小吃是最好的，那些中东的鸡肉卷和金灿灿的炒饭比大餐馆里端出的高级菜肴要入味得多，她说不要去唐人街的中餐馆，法拉盛的中餐馆更好吃，那里的蛋挞做得比澳门的蛋挞还要美味。

于是我从28街走起，往上去大都会博物馆，在夏日的下午经过宾州火车站前川流不息的人群，再走到时代广场，看着世界各地的游客在纷繁的广告牌旁拍照留念。再往上走是洛克菲勒中心，圣诞节的时候这里有擎天的闪亮圣诞树，树下是冰场，年轻的情侣在冰面上握着手滑冰。接下来再走几个街区就到了中央公园，阳光明媚的下午会有家长带着孩子在草坪上踢足球，会有下了课的大学生在抛飞碟，篮球场上聚集满了挥汗如雨的陌生人，因为运动而走到一起。路边有上东区热爱健身的家庭主妇，牵着狗在疾行，也有嬉皮士，戴着五颜六色的发带和墨镜倚在大树下弹吉他，也有卖刨冰的老大叔，搬着椅子看着报纸做着生意。那是城市的一个美好的角落，有着数不清的故事。

买一盘路边的中东炒饭，坐在大都会博物馆门口的台阶上看行人，看面前川流不息的车辆，然后就能想起那些老好莱坞电影里的经典镜头。这个城市以如此标志性的形态在影片中存在了将近一百年，可是它却从未过时，越活越有韵味，越活越成熟，越活越吸引人。你看那些鸽子，它们现在在天上飞过，在五十年代的爱情电影里它们也曾在同一片天空中扇着翅膀。这个城市本身便是时间的记录者。

夜幕来临以后的纽约是活力四射的。纽约大学周围一圈一圈的酒吧、咖啡馆和餐馆都喧嚣了起来。门外精致的凳子上坐满了人，门里有拿着酒杯闲聊的年轻上班族，在星期五的晚上出来放松，并且不知疲倦地寻找着猎物。穿过这一片人群，拐个弯，走进一座公寓，乘电梯到顶楼，能够看见附近一片的平台上都在开着音乐聚会。远处，有些许星的微光，听，仿佛是那首老的爵士乐，在唱着《纽约，纽约》。

Start spreading the news

I am leaving today

I want to be a part of it

New York, New York

These vagabond shoes
They are longing to stray
Right through the very heart of it
New York, New York

I want to wake up in that city
That doesn't sleep
And find I'm king of the hill
Top of the heap

My little town blues
They are melting away
I gonna make a brand new start of it
In old New York

If I can make it there
I'll make it anywhere
It's up to you
New York, New York

New York, New York

I want to wake up in that city

That never sleeps

And find I'm king of the hill

Top of the list

Head of the heap

King of the hill

These are little town blues

They have all melted away

I am about to make a brand new start of it

Right there in old New York

得梅因——每个美国人，其实都是农夫

我住在美国小城

十月下旬，在经过几场冷雨之后，家门前的树木在两天之内完成了季节的转换，落了一地火红的叶子。

天气还是阴沉的，我站在门口，静看从眼前向天边延伸的道路，灰黑的云层层叠叠地压下来。雨来之前这里还是另一幅景象——一切都像喝了兴奋剂一样，明丽得晃眼。叶子的火红如烟火一样刺进眼中来，天蓝得放亮，草坪是那种疯狂的绿，无尽地延伸，像要把你吞没。两天的冷雨一下子剥去了这些过于热切的颜色，一切变得正常，除了天还是有些阴郁以外，空气、气温都很合适，整个世界都俯在我耳边鼓励我骑车出去看看。于是我骑上妹妹的自行车，冲出了门前的下坡。

我住在得梅因，事实上是西得梅因，这里是个近郊，有着近郊该有的城市化与宁静。美国妈妈说："中部是上帝眷顾的城市。"那会儿我们正牵着狗在沃尔玛附近转悠，路上没有一个人，只有燃烧的落日在缓缓下沉。她以前住在克利夫兰，二十年前搬来了这里，就再也不想离开了。

我住在叫Pheasant Ridge的社区。离得很远的房子，一个湖，一片树林，一匹马。马的名字叫飓风，非常老，慢吞吞地吃东西，慢吞吞地走路，慢吞吞地延续自己的余生。我们遛狗的时候，经过飓风的围栏，它总是慢悠悠地走过来，看我们有没有吃的东西给它。这时我们的大丹犬Cinder会很激动，狂吠着就要冲下去。我牵着听话的小斗牛犬，站在旁边笑。

斗牛犬叫Tiger，已经八岁了。它过了躁动的年龄，总是颇有兴趣地看Cinder拽着美国爸爸跑来跑去然后挨骂。那会儿天快黑了，我看见飓风的白毛在暗中发亮。

湖很安静，即使有野鸭在里面游泳，飓风也只是很静很静地躺在树林和三座房子中间，从它的眼里可以看见打碎了的太阳。我从来没见过有人在湖边的小木椅子上，但是每次我去的时候总是可以看见一个放得稳稳的易拉罐或者是一包彩虹糖。我不知道是谁，但是我觉得他一定坐了很久。我只是想象而已，我感觉我可以看见他看到的那些东西，不管是从湖面上飘过的还是在湖里面的。也许我也应该留下些线索，但是我不知道该留下些什么。

夏天的时候，我在湖里游泳，一脚踩下去，头发般细小的灰色小

美国小城，有一种乡村的宁静，不是因为物质的简陋，而是因为人际的空旷。

鱼四散奔逃，泥沙浮起来，慢慢地就看不见自己的脚了，却可以感觉到小鱼从脚趾间滑过。我不是没试过抓它们，但那只是徒劳。

夏天的太阳很大，水很凉，周围很安静。我能听见柳树间的风声，我能听见松鼠的尾巴扫过柳叶，我能听见对岸的野鸭扑扇翅膀，我还能听见自己的声音，自己内心的声音。游泳的时候，美国妈妈站在岸上，没有人会一个人游泳，因为周围一切太安静了，湖面太远了。我闭上眼睛划水，轻轻地、慢慢地。当我游到湖心，脚底下有冷飕飕的水蹿上来，一下子就让我想到了水怪和大鱼，我翻过身，面朝天空，漂浮在水面上，心想就算有鬼我也看不到。我漂啊漂，没有目，没有方向，眼睛里只有蓝天的倒影。我有时蹬蹬腿，划划水，但是我不知道我往哪里去，我看不见，也不想看见。我对我自己说话，我听湖水对我说话。我想，要是有大鱼来，让它咬我屁股别咬我脚，不然我就更矮了。

就这样漂了很久之后，我忽然一个激灵，想到还有作业要做，还有家务要干，还有网要上，有饭要吃。我一下子翻过身来，调整方向，全速前进，如鱼雷一样破浪前行。我听见水花的声音，像唱歌一样，那声音很清脆。

现在是秋天，我在等待冬天。

现在灯仍然亮着。

丽贝卡的曾祖父昨天死了。

夕阳下，小城的一切都显得宁静祥和。

她哭着走进体育馆，鼻子和眼睛都是红的。S老师挪动着胖胖的身躯走过去，说："大家一起给她一个拥抱！"

于是所有人都围上去，把丽贝卡层层叠叠地抱住。

我在最外层，感觉不到她，我相信她也感觉不到我。她很感动，说着谢谢。

现在灯仍然亮着。

路上死了一只臭鼬

臭鼬是被车撞死的——在这里是常事，黑沉沉的夜里它们到处乱窜。很难想象宁静的夜里会有那么多动静：结伴的鹿穿过草坪偷吃苹果，浣熊在垃圾箱里翻垃圾，狐狸出来吃兔子和老鼠。臭鼬？我从来没见过，除了死了的那只。

那是只巨大的臭鼬，像块石头一样戳在路中间，黑白分明的背高高弓起。我们每天开车出去的时候都绕开它，以免沾上臭味。那只孤零零的臭鼬，在路中间躺了七天，直到妈妈打电话叫动物控制中心的人来把它弄走。

现在我看不到它了，我们开车时也不用一转方向盘叫一声："天！怎么还在这儿！"然后急转弯。它那弓起的背，像一个大大的龟壳，充满了漫画般的喜感。

上帝给了人比其他动物都要高的权利，所以人可以心安理得地从臭鼬身上压过。

爱荷华不是好莱坞

接待家庭的妹妹房间的墙上挂着一个小小的、精致的木牌子，上面写的是一首猎人的祷告词：

亲爱的主，请你给我
猎人的好运，
能够打到一只角有八个叉的公鹿。
当这样的好运气
在我的袋子里时，
我会找到一个理由
来扬扬得意。

爱荷华不是好莱坞。爸爸说："只有那些傻不拉叽的好莱坞影星才说自己不穿皮衣、不打猎。"

当时我们刚练完射击。从被玉米田包围的公路上开车回城，我手里紧紧攥着我的纸盘子——0.22英尺的小子弹，在我自己做的纸盘子目标上射出了很完满的几个系列，几乎连成一条线，而且基本上都在红心周围。这之后每每看到鹿我都有一种莫名的冲动，总觉得自己脚上正感觉着鹿的温度，手上被柔软的鹿毛所环绕。

爱荷华不是好莱坞，我喜欢这句话。爱荷华人就是农夫，即使住在城里也有浓重的泥土与玉米的气息，即使是在得梅因（爱荷华的首府），也是现代化与乡土气息的混合——人们喜欢距离，喜欢买好几亩的地，一家人花上几个星期甚至是几个月，做漂亮的围栏，盖暖和的马棚。很多人家喜欢把房子建在湖边，一个大大的下坡上。很多家庭会搭一个小棚子，种满土豆和番茄，棚子的门永远都是开着的，随时都可以去拿，因为他们并不怎么吃，他们不吃，但是他们种。

我得了甲流

我得了甲流，穿了五件夹克，裹得像个孕妇一样。

早上起来时觉得自己体温正常，穿上毛衣到楼下逛了几圈，发现自己全身都在抖，回到床上睡到十一点多，一测温度100华氏度。妈妈说："不行，你不能去排练，睡觉吧。"

我就这样，穿了五件夹克睡觉，直到热醒。

我摸了摸自己的额头，觉得完全好了，摇摇晃晃地走到楼下测体温——102华氏度。为了证明我好好的，我到处走，吃了一大堆东西，除了觉得冷以外没什么异常——这是最可怕的！因为接待家庭的妹妹提醒我："天，脱掉一件吧！我看着你都热！"我一下子意识到自己穿了五件夹克！但是好就好在我还能吃东西，而且还能吃很多。虽然没有平时那么大的食欲，但至少不会吐，我的整个身子都是冰冷的，但是当碰到其他的什么东西时，我能感觉到自己有多烫。

睡觉的时候我梦见自己死了，梦中的我流着眼泪，把指甲抠进手里，我不想死，我也不相信我会死。"死"，是个离我很远很远的词。

我若是死了，是不是会像那只臭鼬一样喜感？

外面暴风雪，我在地下室。

哪里都不能去，什么都干不了。

我在听方大同的《爱爱爱》。下载方大同的整张专辑，是因为以前周六、日在班里自习的时候同桌老是听，而那些旋律总是在我想到高中的时候跳出来。我想起我抢了同桌的头绳跑到厕所里去，在厕所里都可以远远地听到这首歌的旋律——“爱，还是会期待，还是觉得孤单加失败……”

我的房间里乱死了，桌上全是马克杯，恶心的茶叶袋躺在前天晚上的黄色茶水里，咖啡的黑色已经长在了杯子里面。书架上贴满了图书馆要还的书的票，还有SAT（学术能力评估测试）的信息表。最醒目的是一张我的照片：我在文艺复兴的主题公园里，被枷锁锁着，痛苦得龇牙咧嘴。

在这张照片上，我抄了美国爸爸的一句话：“当痛苦来临时，让我们的灵魂在高处俯视着、欣赏着，看我们的肉体是如何地痛苦！而正是这种痛苦祝福着我们的未来！”

我突然发现，我累了。但是我无法停止。

为什么我不能在全家看电视的时候坐到他们中间去？为什么我不能在学校里停下来，跟他们笑一笑，多说几句没用的话？我一直在奔跑，但是现在，我突然累了。我抓着Tiger耷拉下来的嘴巴，看着它的眼睛，它歪歪头，耳朵竖了起来。

“不行，Tiger，今天你别想出去。”我残忍地说，突然感到一种快感，Tiger被束缚着，跟我一样。

外面下着暴雪，什么都看不见。

我从未尝过无所求的感觉，我很想知道那是一种什么状态。

春　天

门外的雪开始化了，从基督教学校到车站的路好走了，我的头发虽然还是会结冰，化得却快了。

这是得梅因最丑的季节：路边堆的雪是黑色的，每个房子看上去都很脏，树还不是绿色的，草被压在雪下面。

但是，阳光开始在车站牌上打转，路过的车也开了一线窗户，里面放着欢快的歌。

虽然丑，却是充满希望的丑。

我和Allison在微积分课之前溜到学校楼后的得梅因河河边。我们站在桥下，听桥上的车辆呼啸而过，那声音很大，完完全全包围了

中西部的家居往往很接近自然，有一种农夫、猎人范。

我们，就像在时空隧道里一样。

阳光在结了冰的河面上舞蹈，在河岸边能够看见水缓缓地渗出来。

Allison说：“我们去冰上走走吧。”

我说：“好。”

我们抓着野草，一步一步地挪了下去。

我踩上冰面，仰视着大桥、枯树、楼房。

然后，我听见有人在学校的楼里冲我们大叫。

然后，我听见脚下有冰碎的声音……

4th of July

今天是国庆日，昨天晚上是满天的礼花，Logan，你看到了吗？

早上我醒来，想到的第一件事就是Logan死了。Logan死了，Logan他妈的死了。

我辗转反侧，觉得这就是个笑话，他把车停在一个斜坡上，没有调到park状态，于是车开始往下滑，这傻缺的人就跟平时一样搞笑，跑到车后面去推它。我想，如果我当时在场，是不是会笑？是不是觉得很好玩？是不是觉得这事真Logan？

但是车子下滑，他想跳到车上去。

这个更滑稽了。

车子把他甩了出去，甩到坡下的篱笆旁边，然后，车子滑了下去，把他夹在了篱笆和车之间。

当场死亡。

我给好久都没说话的Antonio打了电话，因为我不想再想那些不愉快的往事，跟生命的结束比起来，往事算个屁。

Antonio的声音听起来像死了一样，因为他一个晚上都没有睡觉。

Logan死了，谁能睡着？谁能！

我让美国爸爸载我去Sarah家，我看见Antonio站在外边。我忽然觉得，什么都不重要了，我们心里在想着同一个人，我们还是好朋友。

我走过去，紧紧地拥抱他。

Antonio在哭。

这个平时什么都不在乎的人在哭。

我们紧紧地拥抱着，我忽然觉得我真他妈有病，如果死的不是Logan是Antonio该怎么办？难道我还会跟他赌气吗？

一切事情，跟生命比起来，又算得了什么！

死人不能做任何事了。

所以，Logan再也不能从沙发上跳过去了，Logan再也不能在高速路上载着我们超速驾驶了，Logan再也不能用他惊人的聪明来鄙视我了。

Logan刚毕业，连十八岁生日都没过就死了。

你他妈的还要当一个航天工程师呢，我狠狠地想。

和Antonio分手后，我回到家，走进浴室，关上门，看着自己的脸，看了很久很久。

我忽然觉得，能看着自己就是一种幸运。

我忽然觉得，不管我的皮肤多差，不管我的眼睛多小，我能看着这样一个天然的、健康的自己，就真的是最大的幸运了。

因为有些人，已经永远看不见镜中的自己了。

而我还活着，我还健康，我还有那么那么多割舍不下的人。

所以我已经很幸运了。

所以我要好好地活着。

我给中国的妈妈打了电话，我说："对不起，妈妈，虽然我一直就跟个浑蛋一样，但是我爱您，我疯狂地考ACT（美国大学入学考试）是为了您，我好好学习是为了让您开心。您必须知道我有多爱您，因为我不知道哪一天我会离开您，或是您会离开我。"

我再也不会和Antonio赌气了，忽然觉得，生命中，自己少给自己一点烦恼，活得会多轻松、多快乐。

我要告诉所有的朋友们，我爱你们，我愿意为你们做任何事情。

因为我不知道我什么时候会像Logan一样，忽然地再也不能见到你们了。

我不要再和人赌气，我要真心对待每一个人。

因为生命竟然如此短暂。

短短二十多年啊。

昨天，看着Antonio，我说："你不要再跳到别人车前面了，真的不好玩，我求你不要再那样了。"

Antonio的眼中全是泪。

这个顽皮的、好动的、什么都不在乎的男孩忽然咬着嘴唇说："我不会了，我再也不会了……"

Logan，你让我们知道了生命是多么可贵，也是多么脆弱。

年轻真好，死的人死了，活的人，好好活着。

离　别

七月上旬的得梅因是最舒服的，温暖而湿润，天空蓝得发亮。最后一天，我的房间里空空荡荡的了，走廊里有三个笨重的箱子。

来的时候我带的就是这三个箱子，走的时候不仅有三个箱子，还有满满一脑子的记忆。

美国妈妈、克里斯汀、邻居Kim太太和她的女儿麦琪送我去机场。走到安检口的时候，美妈说："Gogo，我们就送到这里了。"

她嘴一瘪，两行眼泪一下子流下了面颊。

我不忍心看，而且我心中有些矛盾，有些自责。因为我不想哭。这一年结束了，是该往前走的时候了，我不难过。身后是通往安检口的向上的自动扶梯，黑黑的、有着坚硬棱角的台阶从地下一个一个有序地、莫名地蹿出来，像是在催促我，也像是在嘲笑我。

克里斯汀也哭了。她用她细瘦的胳膊紧紧地盘住我的脖子，把她尖尖的下巴抵在我的肩膀上。她是那样用力，都弄疼了我。

"happy fruit（'快乐的水果'，这是克里斯汀给我起的外号，因为我喜欢吃香蕉），我爱你，我会想你的。"她的声音都在颤抖。

我与Kim太太和麦琪拥抱。我真高兴，麦琪拥抱我的时候是笑着的。

我转身登上自动扶梯，像逃跑一样，一眼都没往后看。

第五篇

越近，越难读懂的美国人

谁说了算的幸福

接待家庭的妹妹在门上贴了两张纸，上面有“最酷的话”。我湿着头发从浴室出来，眯起眼睛看见一段：

Do you ever dream, Forrest, about who you’re gonna be?（佛瑞斯特，你有没有想过以后要成为什么样的人啊？）

Who I’m gonna be?（我要成为什么样的人？）

Yeah!（是的！）

Aren’t I going to be me?（难道我就不能做我自己吗？）

——Forrest Gump and Jenny Curran

（《阿甘正传》中阿甘与珍妮的对话）

我和S小姐聊天，她是我们的英语老师，四十八岁，没有结婚，所以大家称呼她“小姐”。接待家庭里的爸妈去澳大利亚度假了，她在我家住。她穿着红色橄榄球队的T恤，头发乱糟糟的。

我不明白她为什么不结婚，不明白她为什么一个人住在老年公寓里等着苍老的降临。她会在课堂上说一些老年公寓里发生的搞笑的事，比如有些孤独的老人会买苹果放在公寓外面还留个条等人来拿，老人隔一会儿跑出去看一下，如果苹果还在那儿的话，他们便会很丧气地回去。我不知道她哪来的勇气能如此轻松地谈论这些老人，因为我仿佛看到了她的未来。我都替她难受，在这难受的一刹那，我又仿佛看见了我的未来，于是我选择不再想下去。

狗在睡觉，呼噜声很大，没有其他的声音。外边很黑，我知道这黑暗中有蚯蚓翻泥，有小草吸水，狐狸会出来，兔子会狂奔。但是黑暗静默了一切，两只狗的呼噜声打破了这静默。

“唉，我觉得我到这里来了之后，一天到晚都有奇怪的想法，”我笑着说，“我真不知道我在北京的同学会怎么看我呢。”

“他们都在忙些什么？”S小姐问。

“学习，上好大学，找好工作，过幸福生活。”我实话实说，虽然我持怀疑态度。

她的眉头皱了起来：“什么？幸福生活？”

“没有办法，竞争激烈呗。”我耸耸肩。

“那如果一个人无论怎么努力都没法成功呢？”她抬起头，“第一永远只有一个。”

“……失败者。”

我恨这个词从我嘴里说出来，但是还有什么更好的词吗？

“我不明白，”她轻轻地说，“这又不是他的错。”

“我也不明白，”我说，“就像是丛林法则一样，弱肉强食吧。”

她放下手机，静默了一会儿。

“疯狂。”她说。

“你觉得那些找到好工作，嫁了个有钱人，生活在这个高度，”她把手举过头顶，“你觉得他们真的幸福吗？”

“我觉得……至少在别人眼中是幸福的……我真的不知道，这是现在社会的标准。”

“的确，大城市里就是这样。”她说。

“比如说纽约。”我眼中浮现出那个抬头看到一线天的地方，“女孩只跟成功男人约会。”

“对，的确是这样……但是你知道吗，”她坐起来，“我去过纽约，事实上我和那些男人聊过天，你知道他们说什么吗？他们不会娶那些城市女孩的，要不就娶从小地方来的女孩，或者是外国女孩。”

“什么？”我说，“那那些纽约女孩怎么办？”

“谁知道啊，没人在乎。”她轻蔑地一耸肩。

“没人在乎”这四个字让我一震。

没——人——在——乎！

“难道你会想和那样的人生活在一起吗？她们永远都不会满足。”她大声说，“给她们这个她们想要那个，一辈子都想着向上爬，多可怕！”

“可是我们……都是这样的啊，”我喃喃道，“就像电影散场一样，所有人都在往外走，你往回走，不被踩死才怪。”

“那有什么关系，至少你看到了电影啊。”她说，“如果所有人，所有人全都在疯狂地往一个方向跑，我真的不觉得他们会幸福。”

我低下头：“我其实真的不知道幸福是什么。”

“幸福是什么——幸福就是做你自己啊！”她大声说，“你何必去用社会的标准来套你自己，这才是不幸啊！”

“做自己！”我抬起头，“不跟随社会的标准，不去追名逐利，不去努力挣钱，怎么对得起家里人？这难道不是自私吗？”

“天，难道你认为不停地追求名利不是自私的行为吗？”

“可是当你的家人希望你能够在一个很高的位置上，挣很多钱——只有那样他们才会快乐！”我感觉我特残酷，把现实血淋淋地说了出来。

“什么样的家庭会希望孩子这样！”她睁大了眼睛，表示很不解。

“所有！所有家庭！”我几乎叫了起来，“所有！”

她看着我，我看着她。

“我不能理解。”她摇摇头。

“我也不能……”我叹口气，“虽然我生活在一个那样的环境下……我不能理解，我不知道为什么。”

S小姐以前跟我说过：“我们爱一个人是因为他是谁，而不是因为他创造了什么，他拥有什么。”

我们的价值难道不是由我们所创造的价值所决定的吗？

“原始的我就像一张白纸，而我创造的价值是上面的色彩。没了色彩谁都一样了，为什么要爱一张白纸？”我告诉她我的想法，“我觉得我们爱的是色彩。”

“那如果有些人没有色彩呢？天生就没有那些才能，天生就是一个怎么做都不如别人好的人呢？”

“……失败者。”我小声说。

她苦笑，摇摇头。

我想起了霍莉，她睡过我的床，住过我的房间。或者说是我睡在她的床上，住在她的房间里。

大家总是提起她，霍莉、霍莉、霍莉；但是他们提起她的时候总是有一点别扭，他们总是在特定的时候提起她。

“霍莉来电话了，”美国爸爸看着外头，漫不经心地说，“她说她下个月要回得梅因一趟。”

“哪个霍莉？”美国妈妈眯起眼睛。

“还能有哪个霍莉。”美国爸爸说，“就是那个以前和咱们住在一起的霍莉啊。”

“住在一起？”我兴趣来了，“也是一个交流生吗？”

美国爸爸摇了摇头。

“那是女孩们还小的时候的事了，”妈妈解释道，“好几年前的事了。”

我看着美国爸爸，他看向美国妈妈。

“霍莉，”美国妈妈坐直了说，“她是个很好的女孩，心地非常好，又很信上帝，我们都很喜欢她。”

“喜欢归喜欢。”美国爸爸嘟囔了一句。

“的确，喜欢归喜欢，”美国妈妈说，“可是她犯下的那些错误几乎毁了她。”

“不好，非常不好的错误。”美国爸爸补充道，“她在高中的时候就生了一个孩子，然后辍学了。”

他说得很简洁，简洁得残酷。

“但她一直是个好女孩，”美国妈妈温柔地说，“她和我们去同一个教堂。那时她已经十八岁了，和父母断绝了关系，又不上学，天天只和那帮男性朋友混，于是我们就劝她，把孩子送去收养，如果她愿意的话，她还可以搬过来和我们一起住。”

“我们爱她，但是我们恨她犯下的错误。”爸爸说。

“对，”妈妈轻轻地拍着爸爸的背，“她是个好姑娘，我们都爱她。”

我一直对这个生了孩子然后辍学的女孩儿有很多疑惑。据我所知，她后来把孩子送走后又开始找男人，最后弄得美国爸妈家里一团糟。当时克里斯汀和莎拉还在上初中，一个这样的女孩就住在隔壁，每天晚上睡在我现在睡的床上，虽然那是个单人床，但是谁知道睡着的是不是一个人。

最后爸爸受不了了，他说：“你走吧，你住了七个月已经够了，不能再这样下去了。你走吧，愿上帝保佑你。”

于是她走了。

五年后的今天，我在教堂见到了她。

妹妹们都很兴奋，因为听说她现在有了个女儿，和一个在军事基地工作的人结了婚，住在密苏里。

听说她很幸福。

可能在中国，她都没有幸福的权利了。

在我想象中她是一个极漂亮的金发女郎，可是我看到的是一个肥胖的、抱着不听话的女儿的矮个子女人。

我想从她的脸上看到些什么，我想从她的动作里、她的表情中挖掘出些什么，我想看到她的愧疚、她的悔过、她的痛苦。

可是我错了。

她坐在我旁边的位置上，抱着女儿。她的身体像一个膨胀的蛋糕一样，胖得层层叠叠。她转向我。

“Hi！”她轻柔地说。

我对她微笑着点了点头，那是一张年轻的脸，那张脸上有什么东西，我说不出来。

三岁的女儿朱莉很不听话，不停地哭叫，还试图溜走。每当朱莉想爬出去的时候，霍莉都会伸出一条腿抵住椅子，不让她爬出去。她穿着一双仿皮的旧鞋。

朱莉不知道什么时候偷到了霍莉的钱夹子，她把它高高地举起来：“换……换换……”

“朱莉，不行，不行。”霍莉把钱夹子拿过来，一只手梳理着头发，“朱莉，过来。”

朱莉张着嘴，流着口水，想从椅子底下爬走。

“朱莉，回来！”她一边看着牧师，一边把掉在腿上的头发掸掉，“回来，朱莉。”

朱莉并没有回来的意思，于是霍莉把哭叫的女儿抱起来，脸贴着她不断扭动的背，“我爱你，我爱你，我爱你！”

“额……唉……尼！”朱莉口齿不清地模仿着，“额！”

她笑了，做出最夸张的嘴形，小声但明显地说：“我——爱——你！”

朱莉咯咯地笑了。

我看着她的脸，看见了幸福。

上帝的孩子

第一次见到麦克的时候，我就很不喜欢他。不是因为别的，就是因为他的笑容，他那在我看来很不正常的笑容。

麦克是Walnut Creek教堂青年组织的牧师，五十多岁，动作迟缓，有些驼背，头发花白，总是穿一件很旧却很干净的灰色夹克。

他的笑容是最令我不舒服的地方。

因为他总是微笑着——无论是见到谁，他都在微笑。他反应很慢，说话也很慢，所以每次见到他，停下来问候都要耽误很久。

“Gogo，今天过得怎么样啊？”麦克微微笑着，慢慢地转过身来跟我打招呼。

“挺好！”我嚷了一声，就想快点跑开。因为麦克又开始笑——那种完全不符合他这个年龄与身份的笑。

我全身一颤。

“那就好，那就好。”麦克又慢慢地说，“祝你有个好心情！”

我急急地点头，走开了。

这样一个满脸皱纹、反应迟缓的人，竟然有那样婴孩般的笑容。

真是让人一想到就打寒战！

我从来不敢直视麦克的脸，因为他的笑令我觉得很难受。我们去芝加哥的时候，我的好朋友Lizzie来看我，麦克过来打招呼。

“你是Gogo的朋友啊？”他又开始笑。真可怕！那样纯真无邪的笑容绽开在一个五十多岁的老男人的脸上，感觉真是奇怪！Lizzie愣愣地点点头，我赶紧找机会把她拉开了。

“你们这个带队的，”Lizzie悄悄跟我说，“怎么感觉那么猥琐啊！”

“你也觉得了？”我跳起来，“我觉得很奇怪，不是猥琐，就是感觉……他很不正常。”

和Lizzie达成这个共识之后，我更加觉得麦克奇怪了。但是他的确是一个非常好的人，也是一个非常受人尊敬的人，只是他的笑——

在西芝加哥的时候我们要去Glen Arbor教堂做义工，我们拿着他们复活节活动的宣传单，要一家一家地敲门宣传。

我心想：“天！我是不信上帝的，这让我怎么宣传啊！这不是背离我的信仰了吗？”

这时，麦克走过来跟我说：“Gogo，我把你分到和我一组了，你不用说话，我来说就行了。”

第一次那么感激麦克，但同时又暗地里皱了皱眉头——怎么跟他

宗教，是美国生活中不可或缺的因素，去教堂做义工、组织清唱团，也是生活的一部分。

一起！

我们分到的社区是一个非常有钱的白人社区，那些房子实在是漂亮，而且每家几乎都有非常名贵的狗。我在敲门之前总是很担心，因为麦克的笑容很不寻常。的确，那些有钱的主人们可能也发现了这一点，所以他们看见麦克就立马转来看我，麦克说话很慢，我怕他们不耐烦，所以干脆全替麦克说了："您好，我们是Glen Arbor教堂的，我们的教堂就在西芝加哥高中对面，您如果不知道的话可以参见这张宣传单的地图。我们在复活节的时候有……"

一般人家都非常乐意地接受我们的宣传单，麦克就站在旁边静静地笑。

"祝您有个好心情！"每次当别人都快把门关上了，我都已经往台阶下面走的时候，麦克才缓缓地微笑着说。

然后门就"砰"地一声关上了。

但是麦克不在乎，他还在笑，笑得很开心。

“想到这些人说不定能去教堂，说不定能被上帝拯救，我就很开心。”他轻轻地说，“他们就是我们的兄弟姐妹，我真的不想看见他们下地狱——上帝总是好的。”

我咬着嘴唇，低头走路。麦克！你难道真的没有其他的想法吗？他们很多人都和你差不多大啊！他们在这样的年龄，已经有了这么漂亮的大房子，屋子里满是昂贵的壁画和花瓶，宠物都是几千美金的纯种——你难道没有感觉到吗？当我们站在别人台阶下抬头把宣传单递给他们的时候，他们是那些选择接与不接的人——他们是那些上层社会的有钱人。

但是麦克显然没有这样的想法，他微笑着，就像平时一样。

“你会不会累了？”他关心地说，“这一家我来说吧。”

其实当时我不累，只是不喜欢看到两个阶层不平等的对话场景，但是麦克已经把门敲响了。

他敲了三次，才有人来开门。

那是一个长满络腮胡子的中年男人，他皱着眉头伸出脑袋来。

“谁啊？”他说。

麦克刚要说话，就被一阵急促的狗叫打断了。屋子里两只纯种的非常漂亮的斗牛犬正向门冲过来。

“操！闭嘴！”男人回头大嚷一声，但是那些狗还是在狂吠。

麦克努力地提高声音，可是那个男人根本没看他，他在试着让他的狗回去。

“足球！足球！回去！”他大叫。他的狗叫“足球”。

“您好，我们是Glen Arbor教堂的——”麦克的声音完全淹没在狗吠当中了。

男人压根儿就没注意他，摆摆手示意我们走开。

麦克咽了一口口水，然后看着我：“那——咱们就走吧。”

他轻轻地说。

这次他没有笑。

正当我们抬脚准备走下台阶的时候，一只狗忽然从门里面蹿了出来！我都没来得及叫，它就从我和麦克之间挤了过去，迅速地跑上草坪。

“足球！足球！”男人冲出来，“停下！”

那狗根本不听他的，一会儿就消失了。

完了。

我们呆呆地站在那里，不知道该做什么好。

“给我把门打开！”男人忽然冲麦克大吼一声，“现在好了，我还得去追我的狗。”

喂！是你的狗自己跑出来的啊！我愤怒地想。

可是麦克大跨一步，把门给他拉开了！

“我们能——能帮上什么忙吗？”他真诚地说。

“帮忙？”男人一皱眉头，“给我开着门，我得进去拿链子！”

“好，好。”麦克微笑着把门拉开。

“我来。”我看不惯这人的专横，皱着眉头想把门拉过来。让麦克这样年龄的人给他开门，真是可笑！

“没事。”麦克轻轻说，然后他缓缓地闭上了眼睛。

他竟然又开始笑了。

我都不敢相信自己的眼睛！

男人很快就出来了，看都没看我们一眼就冲了出去，一边走还一边骂脏话。

麦克关上门，说：“咱们走吧。”

他走在我前面——花白的头发、驼背、灰色的旧夹克。他走在这些豪华的大房子中间，明显是一个外来者，一个局外人。

但是他却微笑着，仿佛真的有什么事那么美好一样。

“麦克，你说他找不找得到他的狗啊？”我问。

“我不知道，”麦克说，“但是我真希望他能找到。”

我点点头。

“我刚才在为他祈祷，希望上帝能够帮助他。”麦克说。

我忽然记起麦克为那个男人拉开门的时候，他闭上了眼睛……

他脸上浮起同样的微笑——纯真、平和、婴孩般的微笑。

有些人你永远不会懂她——玛莉亚

我走进文学课的教室，发现教室的右半边挤满了叽叽喳喳的高二学生；在一张大桌子旁，玛莉亚一个人坐着，盘着手臂，黑色的卷发从眼睛前滑下来，挡住了她的脸。

“Hi！”我在她身边坐下来，友好地说。

她微微抬起头，慢慢地把挡在脸前的头发拨开：“Hi。”

她说得很慢，有一丝犹豫。

一开始我以为她有墨西哥血统，因为她小麦色的皮肤，黑色的卷发还有那双美丽、深沉，又有着一丝不屑的黑色眼睛。那双眼睛在我身上扫了一圈，忽然变得柔和起来。后来我才感觉到我的幸运，这种柔和，几乎是我们学校那些白人学生从未看见过的。玛莉亚走在走廊里的时候，总是高昂着头，卷发从脸的一边垂下，只能看见她的另一只眼睛，而那只眼睛里满是不屑与讥讽。

因为那柔和的一瞥，我突然喜欢上了玛莉亚。

玛莉亚从来不参加学校的活动。她转到这所学校两年了，基本上没有跟任何人说过话。中午吃饭的时候她就抱着书，坐到长长的餐桌的一角，眼睛藏在头发下，慢慢地喝柠檬汁。杰西卡曾非常友好地走过去说："玛莉亚，你应该跟我们坐到一起来。"

玛莉亚头也没有抬，只是摇头。

"可是……"

"不用了，谢谢。"她用低沉嘶哑的声音缓缓地、坚定地说。

杰西卡还想说点什么，但是玛莉亚一下子站起身来走开了。

此后就再也没有人尝试去让玛莉亚坐到她们旁边了，不过玛莉亚始终仰着她那美丽的脑袋，她不在乎。

高中的春游、秋游、舞会、音乐会，玛莉亚从来不会去。老师们以为她家里穷，替她买了票，她只是低着头，缓缓但坚定地说："不用了，谢谢。"

然后她大步地走开，高昂着头，美丽的眼睛里充满了讥讽。

有一天，在美术课学生贴作品的墙上，我突然看见了"性手枪"乐队的主唱——那是一张不错的素描，画上是一张扭曲的年轻男人的脸，因为吸毒过多而面颊深陷，青紫色的嘴唇嘲讽地向上扬着，紧紧拧在一起的眉毛下有一双深陷的、非常迷人的眼睛，眼睛里满是绝望、死亡、痛苦的神情和对这个世界的不屑。

我盯着这幅画看，我盯着那双眼睛看，我看见了玛莉亚。

与别的画不同，画上没有签名。

吃饭的时候我把自己的三明治和书挪到桌子的角落里，坐在了玛莉亚的对面。

“Hi！”我说，“画儿画得不错嘛。”

她突然抬起头来，缓缓地露出一个微笑。

“你……知道我画的是什么？”

“我必然知道啊！谁能不知道啊！”我激动起来，“天！这是美国，谁不知道‘性手枪’？”

她轻蔑地往桌子那边扫了一眼：“她们就不知道。”

我叹了口气：“她们……她们太虔诚了，她们是不会听朋克的，顶多也就听听基督教音乐。”

她眼中忽然放出了光彩！

“你真的这样觉得？”

“必然啊！”我说，“莎拉天天在车里听乡村音乐还有关于耶稣的歌——谁受得了！”

她看着我，身体向前倾：“那么，你最喜欢哪首歌？”

“*New York*。”我飞快地说，“你呢？”

“我也是！”她激动地点了点头，“还有*Anarchy in UK*（《联合王国的无政府主义》）！”

我伸出手来：“咱们实在应该握握手！”

她也伸出手来，我感觉到桌子那边所有人都停止了说话。

“Gogo！玛莉亚，你们俩在聊什么？”有人问。

“性手枪。”我说。

她们互相看看对方。

“你们难道没有听说过？”我不可置信地说，“史上最伟大的乐队之一！”

“没……”杰西卡说，“不过听起来不是个好名字。”

玛莉亚挑挑眉毛。

我也想学着她的样子挑挑眉毛，不过失败了。

她笑了起来。

“你是墨西哥血统吗？”我问。

她摇摇头：“我是黑白混血。”

“噢！看不出来呢。”

她点点自己的鼻子：“我的鼻子啊，一看就不是白人的鼻子。”

我笑了，她也笑了。

于是，自从那天起，在走廊里玛莉亚再看见我时，她会对我挑挑眉毛，然后转转眼珠，似乎我们有不可告人的秘密一样。

秋游时，我们住在野外的木屋里，玛莉亚没有去，没有人觉得奇怪。

“我们得想个办法帮帮玛莉亚，”罗杰斯小姐（我们的数学老师）说，“她从来不参加活动——这次我给她家里打了不少电话，但是她就是不来。”

“我觉得她就是自作自受。”罗瑞激动地说，“我早就不想理她了！你知道她叫我什么吗？——你知道她竟然叫我什么吗？”

“罗瑞，”我说，“她都不跟你说话啊……”

“在美国政府课上！她说我种族歧视！”罗瑞一下子跳了起来。

所有人都安静了。在美国，“种族歧视”这个词是非常可怕的词，没有人会随便说。

“她的确觉得我们种族歧视，”艾米丽叹了口气，“但是实际上没人歧视她。”

“我不知道她有什么问题，”罗瑞伸出手来，“数数看：第一，不跟我们说话；第二，不参加任何活动；第三，叫我们种族歧视——我看她才是种族歧视，歧视白人！”

“罗瑞，别激动。”罗杰斯小姐说，“我搞不明白她为什么会这样想，我们哪里做错了？我问过她很多遍她却从来没回答过。”

“她只说‘你们不明白’，”杰西卡说，“我希望她能够告诉我我哪里做错了，而她却总是说我们不明白。”

“上次我说了句奥巴马怎么怎么着，她就说我是种族歧视！”罗瑞说，“我看我们谁都不必理她！因为她才是种族歧视呢！”

我没有说话，因为我也觉得玛莉亚这样做的确有些过分。

“我觉得其实你应该多和咱们班人说说话。”我再一次坐到玛莉亚旁边的时候说。

“他们种族歧视。”她不解地说，“我凭什么要和种族歧视的人说话？”

“玛莉亚，他们根本就不种族歧视！”我说，“我从来就没感觉到过啊！”

“好吧，那让我告诉你，你如果去公立学校，学生绝对不像他们这样没大脑——这是我第一次来到这样一个全是白人的学校，我就是觉得和公立学校里的孩子相比，他们完全就是种族歧视！”

“你举个例子。”我说。

“好，”她微微抬起头看着远处，“有一次在上美国政府的课上时……你知道KKK吗？”

我点点头。3K党是内战之后仇恨黑人的白人组成的恐怖组织，经常用各种可怕的方式谋杀黑人。

“咱们班就有男生说：‘我当时就想加入KKK，可是他们没让我进！’”她的声音忽然变得很小，我看见她的手紧紧地拧着胳膊。

“玛莉亚！”我说，“那都是些幼稚的男生，他们只是闹着玩的！你何必要在乎呢？”

“这不是闹着玩的事情！”她忽然看向我，目光就如同一把锋利的剑一样要将我穿透，“那是我的种族，我的……”

忽然，那把剑消失了，她垂下了眼睛。

“反正我已经习惯了。”她冰冷地说。

桌子的那一头，女生们开心地在聊新上映的电影《新月》。

美国历史课考试的前一天晚上，我趴在桌上看材料，这是一份关于内战之后黑人的材料。我用电子词典查了个词——lynching，即“处私刑”的意思。

“无论是在什么时候，无论是白天或者夜晚，因为最轻微的触犯行为甚至是根本就没有触犯，黑人——有些时候甚至是女人——经常会死在白人暴民们最暴力与最血腥的双手之下，而这些暴民，认为他们自己是法官，最公正的人与制裁者……”

接下来的材料是关于一个十七岁脑瘫黑人男孩的故事，白人们处他私刑因为传言说他谋杀了一个白人女人。

“……当他们把他抓到桥上的时候，有些人说市政府前面已经生起了火堆，于是他们又转头回去……他们让一个小男孩生火……当火还在准备中的时候，这个赤裸的男孩被插了几刀，然后被铐在了树上。男孩试图逃跑，但是没能成功。他挣扎着想够到镣铐但是他们砍下了他的手指……有人说那个男孩大概挨了二十五刀，没有一刀是致命的……”

“女人和小孩都在看处私刑。一个男人把自己的小孩举过肩膀为了让他能看得更清楚……”

“……每个人都想抢点这个黑人男孩死亡的纪念品……手指、耳朵、衣服的碎片和其他被暴民们切下来的身体部位……”

我呆呆地坐着，然后走到厕所里，不是呕吐，而是为了更清楚地看看我自己。

的确，我觉得非常幸运，中国有过屈辱的历史，但是没有黑人那样长、那样痛苦、那样屈辱。即使是在获自由之后，竟然仍受到这样的对待，这样非人的对待……

“我觉得我们应该感觉到非常羞愧，我们的祖先竟然做过这样的事。”历史老师垂着头说，“你们看完这篇材料后是怎么想的？”

“恶心。”克里斯笑了起来，“你说你怎么能给我们看这么恶心的东西呢？看吐了怎么办？”

男孩子都笑了起来。

他们是高一的男孩子，还很幼稚。但是我突然感觉到心头一震：如果是我在一个全都是日本人的学校，如果我是这个学校里唯一的中国人，如果在讲到南京大屠杀的时候，我身边的小男孩在那里笑……

“闭嘴！”我说，这个词在我们学校是不让说的。

他们惊讶地看着我。

“我说，‘闭嘴！’”我慢慢地重复了一遍。

他们转过了头去。我感觉到恶心，我感觉到不屑，我感觉到讥讽。

忽然间我能够体会玛莉亚的感受了！这里不是中国！这里是美国！这里有不同的种族，不同的历史，有曾经压迫人的和曾经被压迫的，有曾经不把人当人看的，有曾经不被人当人看的，有曾经用最可怕最血腥的手段聚众杀人的，也有曾经被人杀的……而他们现在要生活在一起！有这样不同历史的两个种族生活在一起！克里斯随口说出的话，我们班男生随口开的玩笑……如果是在单一民族的地方关系不大，但是这是美国，这里是你必须要正确对待历史的地方！

“我看到亚洲人成功，印第安人成功，从非洲来的非洲人成功……但是就是在美国的黑人，他们就是一直坐在那里对政府说：‘我们要扶助金，我们要房子，我们要吃的……’我不明白他们为什么不能从历史中走出来！现在的社会给了每一个人相同的成功的机会，可是他们不要成功！如果有黑人成功了，那些黑人群体就会把他们拉下来，并说他们在巴结白人！这是他们的问题了，他们应当勇敢地去追求成功，而不是光坐在那里说历史！”美国妈妈激动地说。

“Gogo，玛莉亚就是那个样子，她有很多机会，但她就是因为这些小事给耽误了！莎拉以前老被学校里的男生欺负，可是她还是很勇敢地在努力着，并且交到了朋友。”克里斯汀也说。

莎拉跟玛莉亚能一样吗？一个是被宠坏的白人女孩，一个是背负着历史重担的混血女孩，这完全不能相比！

“在我上大学的时候，和我同寝室的黑人女孩天天叫我特别难听的名字，我根本就没有得罪她！”美国妈妈说，“可是每当我问她‘为什么’的时候，她就回答‘你不会明白的，你不会明白的’，这是什么态度！为什么她要这样……”

我看向窗外，我的心里也在重复着：“你们不会明白的，你们不会明白的……”

一个民族屈辱的历史已经是沉重的负担，而当这个民族要与曾经压迫他的民族相处时，那又是怎样一件痛苦而艰难的事！如果是中国人和日本人住在一起，日本人说：“你们为什么不能从历史中走出来？我们都不较那个真了，你们较真干什么？”我会怎样想？如果有同学开玩笑：“我当时也想参加枪杀中国人的军队，但是他们不让我进。”我肯定会非常痛苦，我都无法想象玛莉亚在听到他们开3K党玩笑时的感觉！

我忽然明白了她遮住眼睛的卷发，她眼中的不屑与讥讽。

第二天，我们在文学课上读了福克纳的《给艾米丽的玫瑰》。这是一个关于白人的爱情与谋杀的故事，主角艾米丽有一个黑人仆人，在那个时代黑人的地位仍然非常低，所以小说中用的是“黑鬼”。我的脑海中突然又蹦出了那样的画面——一个关于日本人的爱情故事，日本女主角有一个中国仆人，他们管他叫“支那猪”……

我咬着嘴唇，四周很安静，大家都被这个悬疑的谋杀案给吸引住了，每个人脸上都是一副紧张的表情。

越过中间的桌子，我的目光扫向角落里，我看见了玛莉亚。

她一只手紧紧地握着拳头，眉毛痛苦地拧在一起，黑色的卷发滑过一只眼睛，另一只眼睛是红的，大滴的眼泪不停地滑落下来。那是屈辱的眼泪，是看到自己的祖先被指使、被践踏……而那些践踏、指使他的人，在享受爱情，在享受尊严……

然而，所有人都被故事所吸引，没有人注意到她。

下了课，我走到她身边。

“不要难过了。”我轻轻地说，我真不知道该说什么。

“谁难过了？”她低沉嘶哑的声音更加低沉了，“我只是困了而已。”

然后，她抱起书，大步走出门去。她那充满轻蔑与讥讽的眼神扫向远方，仿佛是望向遥远的未来。

高贵的人儿

It is absurd to divide people into good and bad.People are either charming or tedious.

——Oscar Wilde

大学的毕业舞会，我和好友应邀去一个宿舍的pre-game[1]。那个公寓里住的是一群很特别的女生。我们学校把人分成三六九等的兄弟会和姐妹会，但是相似的人最终都还是会住在一起。那个公寓里住的就都是一些有国际背景的美国女生，这些女生跟普通的姐妹会的女生

[1]　pre-game指在去舞会之前小型的社交活动。

很不一样。如果把普通学校里的漂亮女生比成中国大学里会打扮，穿雪地靴，背着带草莓图案书包的大众型美女，这个公寓里住的就都是留学回来的“美富白”。她们都来自有钱的家庭，而且很多在欧洲上过学，非常有品位，也很有气质。我和其中几个女生有时一起吃饭，但是交谈得并不深。

公寓里点着充满异国香气的蜡烛，微暗的灯光下可以看见精致的茶几上摆着红酒和长脚杯，几个女生都穿得非常漂亮，清一色的暗色，一点儿也不暴露，却十分显气质。她们一见我们进来，马上都迎了上来：“亲爱的，你们总算来了！”

然后是和每个人寒暄，行贴面礼。一般在美国根本没人行贴面礼，可是这些女生即使是在图书馆遇见，也都会优雅地伸出手，握住你的手，然后顺势把头一歪，给你一个微笑：“亲爱的，你过得如何？”

可是在寒暄过后，一屋子的人却都陷入了沉默。音响里放着爵士乐，每个人却都不说话。一个高个儿女生拿出手机，然后所有人都像被传染了一样拿出了iPhone，我和好友不知道该如何应对，她微微笑着，用胳膊肘捅我。

“我走了啊，”我小声说，“太无聊了。”

“别走！”她一下抓住我的手，但是依然保持微笑，“再待一会儿，求你。”

一个在法国留过学的女生仿佛是看出了我们的无聊与窘迫，她马上招招手，让身后一个摄像师走过来，“来，我们来照相！”

然后大家都兴奋了，纷纷放下手中的手机，甩甩头发，把手插在腰上，身体后仰，以最妩媚的姿态出现在相机前。照相的时候她们仿佛是最好的朋友，互相最亲密的爱人，有些还亲密地吻着对方的头发拍照，仿佛她们是亲姐妹一样。

闪光灯闪完之后，却又没有人说话了，每个人又都拿出自己的手机，然后表现得很忙。

终于，我找了个机会溜了出去，然后脱了高跟鞋，提着鞋赤脚跑到其他朋友的公寓。一进门，大家都在说笑，一个男生不会打领带，大家都帮他弄。客厅很凌乱，没有音乐，没有法国红酒，没有名牌，没有假装出来的笑容，没有摄影师，但是我一下子就觉得很愉快、很真实。

“那是一个极其肤浅的世界。”我的一个好友曾经这样跟我说，“那是一个极其无聊的小世界，里面都是一群空虚极了的人。”

她来自凡尔赛的上层社会，她厌恶那个世界，可是对于我而言，我一直觉得那是小说里的美好世界，一个有王子和公主、城堡与舞会的童话。

“我妈妈曾经逼我去那些名媛舞会，”她翻了个白眼，“天，那真是恶心。人们花上千上万美元买一条裙子，而且从来只穿一次——我收到的请柬，是把我的名字刻在水晶上的，这种肤浅的奢华实在是太没劲了。”

所以她从来都穿得很随便，用很普通的东西，没人知道她其实住在亨利十六的宫殿里。而每次那个公寓举行聚会，她都找理由推脱掉：“太没劲，我有这个时间还不如在床上看看书。”

王尔德说：“It is absurd to divide people into good and bad. People are either charming or tedious.”（人没有好坏之分，只有迷人与冗长之分。）

虽说可能国人现在还没有到能够跨越经济基础追求人性发展的地步，但是有意思的人永远都能抓住人心，而无聊的人即使再富有也只会显得肤浅。我的美国同学从中国留学回来，印象最深的是哈工大看门的一位老保安，说他“非常有故事”。而我们每个人，最终都是被那些特别的经历、多元的背景所迷倒，“好坏穷富”都是在一个人无趣的时候，才搬上桌面的标准吧。

在北京的时候见到一个非常有意思的人J，如果说能把人比作菜的话，这个人便像是中国四大菜系合起来的一道杂烩，你吃不出味儿，却又什么味道都有。首先，如果我想要介绍他的话，都非常困难，因为他的国籍是美国和英国，但是从小却在北京长大，视北京为自己的故乡。同时他又一直在北京上国际学校（包括高中上的哈罗公学），并没有真正地在一个中国的学校里学习过。他的父亲二十多年前来到中国，是第一批到北京定居的外国人。此间，他做过律师，跨国大公司副总裁，和胡主席通过电话，现在在798[1]有个loft，从事艺术行业。作为一个从非常自由和多元的家庭里长大，又受过非常好

[1] 北京的一个艺术区，汇聚了众多中外艺术家。

的教育的人，J上了一年大学，在北京找到了份工作，就辍了学，又跑回北京，只为了做“自己喜欢做的事情”。

首次见到J，我就有一种非常奇特的感觉——我习惯于在脑子里把见到的外国人分类，而这个人，却是我放不进任何一个类别的那种。他举手投足间有着老北京的洒脱，也有着美国人的慵懒，有的时候，腰板又笔挺，完全是一个英国贵族私立学校的产物。这让我想起了我有着多元背景的法国室友——那种让你无法定位、无法判别，却又被这种混杂的神秘感深深迷住的感觉。那天晚上屋子里聚满了人，可是我却只能把目光定在J身上，只想不断地跟他交谈，他的每一句话对我来说都是那么新鲜，都是从一个非常特别的角度出发的，他的动作和表情是那么奇特，我从未见过这么有趣的人！可以说我立马被迷住了。相比起大学里那些在长岛富人区长大，放两天假都要跑到巴黎去的运动员们，J对于我的吸引力要大多了。

初来美国的时候会感觉美国人都是一样的，不都是吃着汉堡打着棒球说着英语的一群人吗？可是在这里居住的时间越长，见过的人越多，便发现把美国人归类开始变得越来越难，因为每个人都是独一无二的个体，而评判一个人本身就是件不太公正的事情。也许人们并不分好坏，只有“迷人”与“冗长”之分吧。

谁不孤独？

还有半个月就圣诞节了，这是S小姐在我们学校的最后一个圣诞节，她要搬到密苏里去，不再当老师，要开始她的新生活了。感恩节刚过，她就收起了她房间里电视机上摆着的火鸡玩具，在领子上别起了廉价的圣诞铃铛别针。每天她站在门口，胖胖的身体靠着门边，手不停地搓着，微笑着听我们排着队用她前一天给的词造句，然后把我们一个个放进去。

S小姐是我的高中文学课教师。她的教室是我最喜欢的，一间小小的、拥挤的、舒适的房间，里面摆满了她从世界各地找来的或者是在美国找来的世界各地的小玩意儿。墙上贴着各种各样的照片、海报，海报上还有《圣经》中的句子。教室的一角是书架，摆满了各种各样的小说。书架前是一张软软的沙发，有时我们排练戏剧到很晚，

孤独，谁不孤独？

她就不回她的公寓了，睡在那张沙发上。

她用的是一台有些年头的台式电脑，电脑前摆着各种各样的小玩意儿。电脑靠着墙，墙上贴着一首诗，纸页已经非常旧了，边缘泛黄，不过看起来反而更有味道。

Fall in love ,（坠入爱河）

Stay in love ,（在爱中享受）

It will change everything .（爱会改变一切）

诗的旁边是日历，日历一个月一个月地翻过去，有罗马的日落，威尼斯的小巷……每年她都会带着学生去欧洲，但是没有人知道她在欧洲有什么样的过去。她有一次在上课的时候突然提起她在欧洲时的男朋友，她说他曾拿着仿真的玩具枪跳上汽车。

“不许动！”她“唰”一下子跳起来，模仿着那个我们谁都不知道的人当时的样子，她肥胖的身躯笨拙地在椅子和桌子之间扭动着。

“他差点就被警察带走了，”她缓缓地坐回椅子上，笑着说，“真是一个傻瓜。”

那是我第一次听到她谈起她的私人生活。

她是个极有规律的人。感恩节前一个星期，她会在房间里摆上火鸡玩具，会送给每人一颗糖果；感恩节后，她每天都会戴上不一样的圣诞节胸针和叮当作响的手镯，并且会在我们自习的时候放圣诞音乐。她有火炉的录像带，每天早上她都会在电视上放那录像——一团熊熊燃烧着的温暖火焰。木柴噼啪作响的时候，她会很满足地把椅子转过来，两只手放松地垂在腿旁边：“真暖和啊，是不是？”

她住在附近一个小镇上的老年公寓里，她喜欢那里是因为那里安静。感恩节之前她邀请我们去她家玩拼字游戏：“你们可能不喜欢那里，其实我也不太喜欢——都是一群孤独的、奇怪的老头老太。”

她翻了个白眼，做了个无奈的手势，呵呵地笑了。

她的脸上布满了皱纹，活像一个孤独的、奇怪的老太太。

我们去她家的那天正在下雨，十一月的雨冰冷冰冷的。我和丽贝卡一跳出车就往她的公寓里头扎，她一摇一摆地慢慢走出来给我们打开玻璃大门。公寓是20世纪70年代设计的，两边的楼梯都能通到二层，果然是老人居住的地方，非常干净，大厅里有杂志架、电视和收音机。

她领着我们走进她的公寓：“这些老人经常会把门钥匙放在门外的邮箱里，我就会给他们拿回去。你知道，住在这里就有一点好处——安全！”

我们走进她的公寓，我站住不动了。

这哪是公寓！简直就是展览馆啊！墙上全是画和照片，书架上摆着各种各样奇奇怪怪的好玩的小玩意儿，所有的东西都那么精巧，都经过精心布置，却又那么随意，我第一感觉就是我以后有自己的公寓也一定要布置成这个样子。

她的公寓里有一台更老的电脑，旁边摆满了各式各样的铅笔。

“这是……电脑吗？”我想，这玩意儿能用吗？

她笑了：“你以为是什么呢？”

“计算器，”我嘲讽地说，“您还真用这个啊？”

她伸出两根手指：“两年了，我都没打开过这玩意儿了……实际上我几乎就没在这里工作过。”

“那您都在学校里？”我问。

“是啊，我兼职AIB（一所社区大学）的老师，一般就是在这两所学校里来回跑。”

“那您没事的时候做什么？”我有些好奇。

“看看电影，出去看看戏剧，”她说，“和家里人联系联系，其实还是有挺多事可做的。”我抬头看墙上的威尼斯风景，她走开了。

我的同学们明显地不喜欢这个地方。

“有股死人的霉味。”卡纳皱着眉头小声说，“真是奇怪，她怎么会住在这儿的。”

我全身颤了一颤。

她在这个地方已经住了十一年。一个人，没有丈夫，没有家人，她在这个世界上待了四十九年，一直是一个人。

门外的雨越下越大。

离开的时候，我把大衣裹得紧紧的，一口气蹿到丽贝卡的车里。车窗被不停流下的雨水模糊了，丽贝卡启动了汽车，我们缓缓地跟着卡纳的车驶出。我回头看见一个红色的矮矮胖胖的身影，倚在门边，目送我们离去。

回来的时候高速公路上全是车，都是感恩节回家的人。美国爸妈邀请S小姐跟我们共度感恩节，但是她拒绝了。

“可是，感恩节是要和别人一起过的啊。”我全力说服她。

她抬头看我，一耸肩膀：“我一天到晚都和人在一起，这个节日对我来说只是个名字罢了。”

后来我想，她不来是对的。不然她就会像我一样，和Tiger一起往窗外看，却看不到Tiger看到的东西。

就像是她目送我们离去，我们看到的是雨水、雷电和前方的路，但她看到的是正在离开的我们。

这个世界上，谁不孤独？

谁孤独？

第六篇

中国人有多焦虑?

文理教育，你后院的钻石

你的后院有一颗钻石，埋在地下。

你知道有这么一颗钻石，你也知道它埋在地底下，而且你还知道如果挖出来了，它价值连城。

好，我们假设你是一个贫苦农民，你每天种地，吃饭，睡觉，忙得很。

如果你耽搁种地的时间，去挖钻石，你挖到了，你就能富有。但是你可能得挖上一年半载，你的地就没人种了，你得饿肚子，得忍受其他农民的白眼，得忍受各种失望痛苦。

你还会去挖吗？

好，现在假设你是一个家庭富裕的公子，那块钻石比你家里所有钱都要多，但是它也在地底下，你也得动手挖一年半载。但是相对于农民，你可以更轻松地去挖，因为你在挖的时候有充足的物质保障，还能够吃饱饭，还能够休息，没有那么多人给你脸色看。

但是你照样可以不去挖，反正你现在已经吃好的、喝好的。没有什么必要性去挖地底下的钻石。

但是如果你挖出来了，那可是价值连城的钻石。

你会去挖吗？

这颗钻石，就是纯文理，非技术性的教育。

这种教育，在国内是高中教育对比职高教育；在美国，是文理学院的教育对比职业化的大学应用教育。简单点说，就是文史哲、物理化对比可以应用在现实生活中的学科。这两种教育各有所长，但是，就长远而言，一个人受到的文理教育比任何其他教育都要重要得多。

那么分析文理学院，我会从我所在的Haverford College说起。很多人不知道Haverford College，首先是这个学校在圈外本身就没

就长远而言，一个人受到的文理教育比任何其他教育都要重要得多。

有名气，学校一共就一千多一点点人，和旁边的Bryn Mawr College（布林茅尔学院）、Swarthmore College，还有宾夕法尼亚大学可以交换注册上课。我们学校在圈内的声誉很好，在学校清唱团去Northeastern University（美国东北大学）唱歌的时候那里没有人知道Haverford。可是去哈佛的时候大家会点头："嗯，当年我们也申请过。"

其实我也很纠结，一方面我很喜欢文学和艺术，另一方面又对创业很感兴趣。那么来了文理学院发现的一件事，就是这里的学生真的是以学习为第一位的。大家毕业了以后都去上研究生，而不是去工作，而且Haverford缺少和其他学校的联系。而且我来大学之后，我和我原来的一群朋友的联系明显少了，原来的几个玩儿得很好的朋友在其他学校经常互相见面，而我来了一个小文理学院，似乎就在他们的圈子外面了。

可是每次我拿出乔治城的转学申请来填的时候我却都无法下手。在这所学校，有什么东西让我无法离开？是天天追着我给我发邮件问我作业难不难，需不需要帮助的好心的教授吗？我又不是那么在乎学习。是那群人很好却很缺乏社会经验的头发整天乱七八糟的同学吗？Come on，我一向是向往*gossip girl*里那种令人眼花缭乱的生活的。说到底，我认为我最不能离开的，就是这种文理教育和它背后的精神。

普林斯顿的校长曾在Lawrenceville专门对高中生做了关于文理教育的演讲，在演讲中她讲到："In other words, as I like to tell our students, a liberal education is designed to prepare you not for one profession but for any profession, including those not yet invented.”（就像我对我的学生说过的，文理教育不是为了让你成为一门专业的专家，而是让你成为所有专业，甚至包括那些尚未被发现的专业的专家。）

而这些技能，往往要从一个成熟的人格开始，然后在非常强力，非常私人的教育环境下才能培养，比如说阅读、讨论和写作的能力。在一个两百人的大课上，你有什么机会发言？而在十人的小课上，你才能得到教授更多的注意力，被更专注地培养。

蔡元培提出的“德育”、“智育”、“美育”是同样的道理。他提出教育是“教育者，养成人格之事业也”，也就是说教育是对于人格的塑造，而并非仅仅是对于技能的培养。

我那时有一个理想，以为文理两科，是农、工、医、药、法、商等应用科学的基础，而这些应用科学的研究时期，仍然要归到文理两科来，所以文理两科，必须设各种的研究所；而此两科的教员与毕业生必有若干人是终身在研究所工作兼任教员。那时候我又有一个理想，以为文理是不能分科的。例如文科的哲学，必植基于自然科学；而理科学者最后的假定，亦往往牵涉哲学。

的确，从常青藤的文理学院，还有从很多很好的文理学院毕业的学生在星巴克打工。但是从我接触到的文理学院的毕业生中，无论现在在干什么，没有一个人后悔自己的选择。我知道在Haverford College有很多人讨厌学校这么小，课业太重，还有学费贵等各种因素，但是谈到教育，没有一个人认为自己在接受一种“没有用”的教育。就连我来了以后，我发现，学校是小，学费是贵，如果不接着上研究生是不好找工作的。但是在这里得到的教育，的确是不一般的。胡适先生在半个世纪之前把小儿子送到Haverford College来读书，应该是看见了这一点吧。

那么，你会说，这种文理教育，这种昂贵的、贵族式的教育，是给富家子弟的，不是给大众的。就像是农村里的人会让孩子留在家里种地，而不是去上大学。

的确，选择哪一种教育，取决于不同的人，但是我们回到我最先举出的那个例子，我们可以发现，不富裕的人更难做出去挖钻石的决定，因为他们被生活所迫，很多时候无法舍弃自己的那块地，去忍受担心吃不饱饭仍然要挖钻石的痛苦。于是很多人又回去种地，而并非去挖钻石。可是总有一些人，果断地舍弃了自己的田地，而去挖钻石，最后挖出来钻石，比所有人都富裕。他们最先是比其他人有钱吗？不是，只是他们比其他人看见了更远的东西。

而对于富裕的家庭来说，问题不在于挖钻石还是种地上了，问题在于是挖还是不挖。不挖的公子哥儿天天照样可以开着宝马、奔驰到处转悠，但是有些有远见的人，却看见了更远的东西，让自己的孩子去挖那一块钻石，结果当然是他们比任何人都富有。

我在文理学院里的朋友，有很有钱的，也有没有钱的。但是有一点很有意思，就是我在这里遇见十几个人，父母都是常青藤大学毕业的。他们的父母不一定有钱，但是大多都受过很高等的教育，才把孩子送到文理学院来。每年五万美元的学费，对于有好几个孩子的美国家庭，怎么说都是一个大数目，他们也是咬着牙，原来是家庭主妇的母亲重新工作，才能把孩子送来的。所有的这些父母，都有着很高的素质，非常亲切的姿态和相同的对于文理教育的重视。

不是有钱人把孩子送到文理学院来，而是受过高等教育的人让孩子来受文理教育，而这些受过高等教育的家长又有很多是有钱人罢了。

CBS新闻中曾经有一篇小短文，题为：教授都把孩子送到哪里上学？可以很好地回答大部分人对于文理学院的误解。

The Surprise College Choice

The children of professors are far more likely to attend liberal arts colleges than other parents. Children of university faculty are about twice as likely to select liberal arts college than children of parents earning more than $100,000 a year.

Why are college professors steering their children to liberal arts colleges, which educate roughly 3% of the nation's college students?

These insiders understand that liberal arts colleges focus exclusively on educating undergraduates and offer about unique education with small classes and personal attention from professors.

In contrast, the main focus for professors at private and public research universities is conducting their own research and training graduate students. Educating undergrades is a lower priority. In fact, at universities graduates students often teach many undergraduate classes.

教授的孩子比起其他家庭的孩子来说更普遍地选择文理学院，大学教员的孩子上文理学院的数量要比每年挣十万美元以上的家长的孩子多出一倍。

为什么大学教授争先恐后地把孩子送到这种学生数量只占全国3%的文理学院来?

这些局内人明白文理学院的教育特别专注于本科教学，并且以小班形式和教授对个人的关注提供精品教育。

相反，私立和公立的研究型大学注重的是研究和研究生教育，本科的教育往往不是第一要务。事实上，很多研究生会为本科生代课。

在学校的家长会上，的确有很多奔驰、宝马排列在路旁，但是从这些奔驰、宝马里下来的家长，却一个个是有礼、有素质、受过高等教育的人。我感觉到，是因为这些人的素质决定了他们的富裕，同时也决定了他们把孩子送来这个文理学院，而不是因为他们的富裕程度决定了他们把孩子送到和自己富裕程度相当的学校里来学习。我的一个朋友，来自新泽西非常富有的律师家庭，但是我在去他家之前从来不知道他有钱，因为他根本不表现出来。

相反，他在对人对事上都非常谦逊，并且经常把自己的东西和他人分享。我在从纽约回费城的路上正好经过普林斯顿，于是就去他家玩了一圈。在车开到他家的社区的时候我就惊呆了，全都是非常华丽的电影里才有的那种大房子，房子面前有雕塑和喷泉，还有一些有单独的看门人。

当我走进他家的时候，大厅里放着华尔兹，天花板上是精美的壁画，一个大厅都望不到头！我当时就惊呆了。我穿着我那脏兮兮的靴子，拎着我的背包站在门口，都有些不敢走进屋去。然后他妈妈从客厅的那一头非常优雅地走了出来。而后来他妈妈来Haverford College看他的时候，走进每个人的房间打招呼，亲切地和每个同学拉家常，并且告诉他们“有什么需要的，就告诉我”。

那么，文理学院给了我什么样的影响呢？实际上我在写这篇文章的时候，心里也很纠结。我就读于一所似象牙塔一样的一所文理学院，但是作为一个对创业感兴趣的人，这所文理学院几乎没有为创业提供任何适合的土壤。可是我在去过很多其他学校之后，我觉得我在这里受到的不论是学习上的，还是心灵上的熏陶都令我离不开这个地方，而Haverford College的那种人生哲学，也已经深深地影响了我。

中国学生在美国=外地学生在北京

和一个苏州来的同学聊天，他叹口气，说现在他在上海上学的一个朋友，宿舍里有一个从来不吃肉，没钱买电脑，搬着台式机来学校的农村同学。我忽然就想到了我北京的朋友们在上了大学以后经常跟我说到宿舍里拼命努力的外地同学，但是他们说“似乎总是说不到一起去，不知道是什么原因，太不一样了”。

外地学生在北京上学，刚开始是很难的。没朋友，有口音，成绩不好，就像中国学生在美国一样——说英语有口音，别人没耐心听是正常的；中国学生到美国，文化差异比南北差异大得多，没朋友是正常的。

中国学生最受伤的就是，自己是在国内过得好得很的那一群孩子，但是到了美国，便成了二等公民，什么事都得排在美国人后面，实习不行，工作也找不到，出国还麻烦。就跟当时我们家在北京一

如果你想感受很纯正的美国文化，你应该努力去理解他们的生活，他们思考问题的方式。

样，你虽然是努力工作的外地人，在武汉也过得小康，但是到了北京你孤苦伶仃的，物价还高，你就一下子变成了二等公民，心理落差很大，不爽。

那么要说的是什么呢？是我们应当从外地人在北京的例子，看看自己在美国想要干的是什么，应该用什么方式。

在北大的几个外地朋友，聚会的时候从来都和北京学生一起，去各种北京学生喜欢的地方：大排档、三里屯、桌游、五道口酒吧。我知道有很多外地的同学不喜欢这些地方，但是这些朋友总是和我们做一样的事情，我们就从未把他们当外地人看。但是我也知道有很多在北京学习的外地同学，很不喜欢北京人的生活方式，天天不是要和外地同学一起，就是泡在图书馆。的确，这是一种生活方式，但是如果你想真正融入北京这个社会，说俗一点就是拥有人脉关系，那么你学习成绩再好也是不够的。这个道理正好可以用到中国学生在美国读书上。

如果你就是想读完书回国，那么随便怎样都行，但是如果你想留在美国，或者说想感受很纯正的美国文化，那么你应该去努力理解他们的生活，他们思考问题的方式。有人会说我凭什么去迎合他们啊？我想说的是你花钱到美国读书，不是为了就学点老师教的东西的。那样和在国内读外教有什么区别？大部分我认识的同学，还是为了增长见识、开阔视野而出来的。

就像我的中国爸妈，他们当初认为北京机会多，所以放弃在武汉的安定生活来了北京。你既然已经付出了这样的代价，为什么不努力得到最多的东西呢？为什么不尝试他们觉得有意思的事呢？很多门就是这样打开的。你说不定在做一件事的时候遇到了谁，然后你忽然受到了激励，觉得找到了要走的路，要去尝试新的东西。刚来北京的时候，我感觉炸酱面特难吃，但是现在早就离不开了。但是你不一定要改变所有，你需要吸收，然后选择性地改变。就像我在我妈面前现在还管“勺子”叫“调羹”，没法改。

那么美国人是怎么看待中国学生呢？我的一位在中国生活过的美国朋友曾经这样评价中国学生：“他们总是非常努力地从书本上得到知识，但是却不在意与人之间的交流。比起美国人，他们更机械化。在中国社会，他们的父母和他们是独生子女的事实给了他们更大的压力，而长时间的社会主义和共产主义教育让他们感觉人生的意义在于为他人而奉献，而并不是作为鲜明的、独立的个体。而美国的价值观则是‘书本上也要成功，但是我们更希望你能做一些非常有创意的、独一无二的事情’。”

“就像我们的大学申请，我们需要写个人文章来表现自己和别人有多么不一样，而中国用高考，一个分数来决定所有人的命运。也像钢琴曲，中国最有名的钢琴家在弹钢琴时每一首曲子都是一样的诠释，弹得最好的每一次都是一样的，而美国的钢琴家每一次都有不同的诠释。”

“就像Lady Gaga[1]，全世界都爱她，因为她有才华，有创意，有趣。”

“我们的祖先来到这块大陆之前，他们是冒了最大的险，为了独立和自由来的，但是在中国的历史上却没有过这样的事件。美国人总是有一种自信——即使在各种考试上输给亚洲学生，但是在自信心的测试上总是能胜出。有一天晚上我从芝加哥中心的Cubs Game（一个棒球比赛）回来，地铁上的人都喝醉了，大家都非常开心。这时不知道从哪里传出来一个女人尖细的声音：‘Hey that’s not your bag! That’s my ass!’（嘿，那不是你的包，那是我的屁股！）但是当我在中国的时候，这种事就永远都不会在地铁上发生。陌生的中国人之间似乎永远都不会在一起开心地笑一件事情，也许我们更加外向。”

可是我的一位中国同学认为男女有别，中国女生更容易融入美国：“我觉得做男生就是很不公平，比如说在美国社会里，亚洲男生

[1] 美国著名女歌手。

就是处于食物链的最底端，而亚洲女生就是高高在上的。再有，男生和女生的个性也很不一样。比如说看到美国人玩beer pong（一种聚会上抛乒乓球的游戏)，中国男生就是会觉得很傻，甚至幼稚得有些可爱，于是中国男生就会站在一边不玩。但是在那样的场合，男生的角色就是主动的，所以如果男生觉得很无聊，他就不会玩，而且加上英语不好，大家也就不会觉得他酷。但是亚洲女生扮演的角色就不一样，女生只要站在那里，就会有男生主动上去跟她们说话。”

“另外，中国的男生一般去美国要不就是学经济，要不就是学理科，本身就很累，实际上也根本没有时间去想怎么融入的问题，所以会过得很苦。很多人其实也就是为了拿个文凭回国，家里有关系的找个工作，其实根本不喜欢美国的文化，思想还是禁锢着的。”

为什么中国学生进美国公司那么难？就像外地人进北京公司一样。首先公司要给你解决户口，其次你可能工作的方式和北京（美国）人非常不一样。比如说，可能在地方上，你塞个红包能办的事，北京就不行，你还有麻烦。所以你首先要非常懂得这个地方的一套制度，一套做事的方式，公司才愿意帮你去搞户口。就像是中国学生申请美国名校一样，为什么美国名校会拒绝那么多考试满分的中国学生？不是因为中国学生成绩不够，而是作为一个中国学生，成绩再好，思想还是非常中式，无法融入美国的主流社会，以后哪能在美国混出大名堂，给学校必然没什么捐款。这是一个斯坦福毕业做留学很多年的老师跟我说的。我觉得说得非常对，想要融入美国，就一定要了解他们的世界观和人生观。

成功是给予有功者的奖赏

故事从一个叫做Howard Lutnick的人说起。

我知道他，因为他是Cantor Fitzgerald投资银行的CEO，价值四千万美元的银行家，他为我的大学捐了一座体育馆。

我知道他，因为他的公司在9·11中失去了纽约基本上所有的员工——658人。

2011年10月底，他来到我们学校演讲，我没有去，其实我从心里有些嫉妒这样的人。在这个东海岸的私立文理学院里，有钱的银行家的孩子太多了，毕业之后顺着父母给的梯子爬上去的太多了，那么，为什么我要去听一个从一开始就成功的人的演讲呢？

但是每一个听完他演讲回来的人都很安静，我看着大家陆续地走回来，没人说话。

也许，他真得不一样。

1993年，是他刚刚做到CEO的一年，那时公司分派打得很厉害，于是他决定“我们要雇用我们喜欢的人”。

于是，每一个面试官都会被问：“我们到底喜不喜欢这个应聘者？我们能否和他共事？我们能否将这个人看作是我的朋友？”

于是，他们雇用了很多兄弟姐妹，从高层到底层，就连门口的看门人都在和他的哥哥一起工作。

这更像是一个家庭，不像是投资银行，但是那种公司员工之间的关系是非常紧密的。他们的事业蒸蒸日上，越做越好，还搬进了世贸大楼104层和105层。

2001年9月11日。

Howard Lutnick开着车，带他的小儿子去幼儿园。那是他心爱的小儿子第一天上幼儿园，他很激动，当他领着自己的儿子走上楼时，他的手机却不识时务地响了。他很生气，不想接，但是这个时候一位幼儿园老师走下来，告诉他“飞机击中了世贸大楼”。

他冲出了幼儿园，坐上车，以最快的速度开回市中心。

他的脑子里一片空白。

烟，雾气，尖叫声，人群。

Cantor Fitzgerald在纽约的950位员工中，658位丧生。其中有26对兄弟，包括Howard本人的弟弟。

如果每天以二十个葬礼的速度进行，需要大概四十天。

那天晚上，Howard召开了紧急会议，会场有1500人到场，全是家属。

“我不知道该怎么说，”Howard在演讲中说道，“我没有办法看着他们的脸，然后告诉他们，我至今没有任何人生还的消息。”

有些母亲，失去了所有的孩子，有些孩子，失去了双亲。

Howard最后决定：无论怎样，先要赔偿这些家属。他理解这种痛苦（在后文会讲到)，他暗暗决定，如果公司能有起色，会把25％的收入捐给家属，免费给每个人交上十年的健康保险。

可是公司现在濒临破产，极其缺乏周转资金。

他走进办公室，说：“我们现在要工作。”

每个人都惊讶地望着他。

“我们必须要让公司运转起来，”他说，“不是为了钱，我现在根本不在乎钱。是为了那些丧生的雇员的家属，我们如果要帮助他们，必须要马上开始工作。”

9月19日，Cantor的顾客打来电话，决定把所有的生意都交给他们。

“那一刻我知道我们得救了，”Howard说，“我知道我们终于能付得起那25％了。”

在接下来的9・11纪念日前，Howard忽然接到了一个电话，是来自洛杉矶分公司的。他们告诉他，他们要飞来参加纪念活动，要关闭公司一天。那时Howard的第一个想法就是：完了，他们要离开了。

的确，这些私募基金的人是这个领域里最优秀的人，他们在公司如此脆弱的时候，在自己只拿20％的工资的时候，完全可以离开，走到街对面去上班。

第二天清晨，Howard打开门，十六个人走了进来。

“我的手都在出汗，”他说，“我知道他们要辞职，我非常紧张。”

可是没有一个人辞职，所有人都告诉他：“我们会留下。”

当我在网上看视频，听到这里的时候，我已经止不住眼泪了。那些真正去做对的事情的人，是会被所有人信任，是能把事情做到最后坦荡荡地成功的。而那些自私自利的人，也许会得到一时的成功，但我不相信，在这种时候，所有的员工都会选择留下。

“我为什么会在当时做出那样的决定呢？”他说，“因为Haverford。”

我按住了暂停键。

“我十一岁的时候母亲去世，我有一个弟弟和一个姐姐。当我十八岁，刚进Haverford一个星期的时候，我的父亲去世了。”

“我的亲戚们马上离开了我们，我的叔叔不允许我去他家吃饭，因为他知道我们一去，就会留下来。”

“那是我大一的时候，刚进学校一周，谁都不认识，也没人知道我以后会怎么样，没有人能预料到我今天会给学校捐一座体育馆。我的姐姐，在另一所大学里，学校里告诉她，因为她没钱交学费，不能再上学了，到餐馆里打工好了。”

“但是我在Haverford的主任，马上给我买了一张飞机票，让我回家。回家之后我接到了一个电话，他们告诉我，我四年的学费全免了。当时我不明白。但是后来，很后来，我才意识到那是他们一贯做事的方式，这就是Haverford对待人的方式，而这也是为什么当9·11发生的时候，我做了我该做的事。”

我忽然想到了很多很多。

我想到我在没考好之后走进教授的办公室他安慰我、帮助我。他下课会等所有人都走了，然后给我辅导，因为他不想让别人知道我法语不好。

我想到就在我跟法语教授诉苦之后的第二天，我的主任就请我去她办公室喝茶，告诉我应该如何安排时间。

我想到我在Haverford的同学们，那些会拿出自己的时间，来帮我复习的同学们。

我刚来的时候觉得这里的人多奇怪啊，为什么都对人那么友好，为什么都不顾着自己的事情，为什么都要帮助你。

而他们的作为却那么自然，真的是从心里流露出来的一样。

我当时认为他们是不会成功的，因为他们的心里总是想着别人，我认为那些自我的、充满野心的人才会成功。

可是听到这里时我忽然明白了，我忽然明白了为什么这个学校很特

也许成功并不需要去与人挤破头追寻，而更多是一种社会给予有功者的奖赏吧。

别。为什么这个学校的人都学得那么累，但是同时又那么快乐。为什么有些人成功得非常绞尽脑汁，而有些人则轻轻松松。为什么有些人即使成功都永远不会满足，而有些人即使没有那么成功却有着美满的生活。

一切都取决于内心的平静。

《大学》说："大学之道，在明明德，在亲民，在止于至善。知止而后有定，定而后能静，静而后能安，安而后能虑，虑而后能得。"

也许成功并不需要去与人挤破头追寻，而更多是一种社会给予有功者的奖赏吧。

美国名校真正看什么？

There is no secret formula or hidden agenda. I'm going to tell you right now what we're looking for. We're looking for intellectual passion.

也许是因为在对美国大学了解之前就去了美国的缘故，我对于美国大学的了解最初是站在美国人的角度上来看的。

What it' s for– that' s secondary. We are looking for the student who is so jazzed about... Whatever... that he or she can' t wait to get to Princeton and find out everything there is to know about it. And that' s, by and large, not going to be the student who' d content to sit in the lecture theater and take her notes, and take her exams, and collect her grade, and move on. We' re looking for the students who are looking for our faculty.

没有什么秘密方法能让你们进这所学校，我现在就来告诉你们我们想要的是什么。我们寻找的是对于知识的渴望，这种渴望能有什么用呢？——这个我们先搁置一边。我们在寻找会为一件事情而激动的学生，这些学生能够迫不及待地进入普林斯顿，寻找一切他们能够发现的资源。这些学生不会满足于坐在礼堂里听大课，记笔记，然后乖乖考试。我们在寻找那些寻找我们的学生。

——美国畅销书*Admission*

2009年到2010年，我曾经作为交流生在美国交流了一年。在我去之前，似乎大家对美国大学并不了解，但是当我在一年后回来的时候，惊奇地发现新浪网上有了申请美国大学的专区，身边的人不仅知道哈佛、耶鲁，甚至知道美国还有布朗大学和伯克利大学。周围所有人的家里似乎都有一个准备出国的人，一个正在出国的人和一个已经在国外的人。365天，中国学生的走向变化令我非常震惊，我记得一个要去密歇根安娜堡的同学曾经拍着我的肩膀说："你这一届竞争太激烈了！你好自为之吧。"

也许是因为在对美国大学了解之前就去了美国的缘故，我对于美国大学的了解最初是站在美国人的角度上来看的。刚回来的时候我简直不敢相信还有中介这种东西的存在，一开始，我对于所有不是自己弄申请的人都很反感，因为我所有认识的美国同学都是自己凭真实的高中成绩，优异的SAT、ACT成绩和丰富而绝非编造的课外活动进的名校，而在国内却只用有标准化考试的高分和一个负责任而又有水平的中介就有可能进好学校。的确，这听起来非常不公平。

可是通过我和很多中国朋友、美国朋友以及美国名校的招生官的交流，我发现很多事情对于中国学生来说也不公平。比如说我们的高中没有那么多课外活动，比如说数理化上我们学的东西比美国的要难得多，再比如说我们所应对的考试，并不是用我们的母语来答题。

那么应该怎样在这些不公平的变量中找到一个恒量呢？美国的大学不像中国的大学，一个高考分就行了，他们更要看的是你这个人的潜能，你在课外对于这个社会做出的贡献。最后，我发现，唯一的方法，就是make the best out of yourself，即“做好最好的自己”。并且将这个自己呈现给各所大学的招生办。

和中国一考定终生的制度不同，申请美国大学的组成要素有以下几个：

1. 标准化考试成绩（美国高考）

2. 语言成绩：托福或者雅思成绩

3. 申请文书

4. 课外活动

5. 推荐信

6. 申请奖学金

此外，还需要一些特殊材料，比如自己的绘画作品集等。

在美国，申请大学的流程大概是这样的：

首先，在高一或高二的时候考完美国高考（SAT或ACT）。

其次，在高二进入高三的暑假开始写文书。这个时候你还不知道具体的题目，因为各个学校的题目都还没有出来，但是最重要的一篇main essay的题目总是大同小异的，即“你在之前这么多年中觉得改变你最大的一件事情”。

在进入高三之后的十月份还有一次考SAT的机会，同时也可以去考托福和雅思，但是在十二月份之前一定要把SAT或者ACT考到想要的分数，这样就可以安心地申请了。

十二月份的时候要把commonapp.org上的所有东西填完（后面有介绍怎样填），上传给学校，大多数学校的截止日期是一月份，所以大家在一月份之前弄完最好。

在一月到四月这几个月中你所能做的就是和学校保持联系，及时地知道他们有没有收到你的成绩，并且及时地补寄过去（托福分寄不到是常事，我的一个朋友寄了九个学校就两个收到的！），在此期间你还能够做一点有意义的事情，比如学习第二外语，或者去打工。

对于学生来说，申请美国大学是一个将自己的过去整合加呈现的过程。并不是说在高三申请的这半年中做完所有的事情，而是将你过去的这么多年（尤其是高中三年）的成果展示一番。所以，很多美国学生在高二的时候就去跟学校里的college counselor（大学指导老师）谈，整理出自己过去所做过的重要事件和突出的奖项，然后在高三的时候去有针对性地充实。

高中成绩

对于美国大学来讲最重要的是高中成绩。其他的课外活动之类都是建立在这个基础上的。耶鲁大学前招生官Mr. Peterson说：“高中成绩告诉我们，你在高中这四年（美国是四年制高中）有没有好好地做你的作业，同时也告诉我们，在大学四年中你会不会做你的作业。”他提到，常青藤名校看的是“你有没有在你最喜欢的科目上表现优秀”。

SAT成绩

SAT/ACT都是美国的高考，SAT是最为国际化的，在许多个国家都有考点，而ACT则在美国中西部比较流行。但在大学录取当中，这两门考试都可以通用，并没有“这种比那种好”这一说。SAT有批判性阅读、数学和写作三个科目。每一次的SAT考试分为十个区。

我当时在中西交流，所以考的是ACT，而ACT对于外国学生来说比SAT要好攻克。SAT更注重单词量的积累，而ACT更注重科学方面。ACT的英语题都很简单，几乎就不会出现什么难词，而阅读题比起SAT更容易。我曾经在做练习的时候没看文章做了一篇（关于埃莉诺·罗斯福的文章），结果全对了。不是提倡这种做法，而是说ACT比起SAT而言更有方法可循。

ACT分四个模块：英语、数学、阅读、科学。每个模块三十六分，最后平均下来是总的分数。写作总分是十二分，会算进英语模块中。

英　语

英语部分可以说完全是语法练习，而且是非常有规律的语法练习。一共就只有那么几种题型，只要多做题就能够轻松搞定。因为我当时不停地查上常青藤ACT需要多少分，然后发现三十分以上就行了，于是我给自己定的目标就是三十分。每天用秒表掐着时间，做两篇英语，半个月后就会发现错误率明显降低了。

数　学

按理来说ACT的数学应该比SAT难，因为加入了四道三角函数题，但是以我个人经验来看，ACT的数学可能容错率比较高。我平时不怎么做数学，每一次做练习的时候数学部分全都是三十一分，但是在正式考试的时候考了满分三十六分。相信中国学生是没有大问题的。

阅　读

在ACT中，阅读虽然简单一些，更有规律可循，但是最大的问题就是时间。三十五分钟四篇阅读，看似很充裕，但是实际上非常需要速度。建议每天都练一套，而且不要局限在ACT题中（因为ACT的题真的很少，没几个星期就全练完了）。

科　学

科学这个部分是SAT没有的地方。但是也是非常容易攻克的一个部分。很奇怪的是，在我身边考ACT的美国朋友，要不然就是科学三十五分、三十六分，要不然就是二十二分、二十三分。于是我得出结论：科学这个部分是非常有技巧的。

科学考试三十五分钟，七篇文章，时间非常紧，平均五分钟一篇。在练习的时候我发现我如果不是时间不够，就基本上能全对。科学考试跟科学几乎完全没关系，是纯粹的阅读考试。你只要看得懂它的表和文字，就不会有问题，而问题在于，怎么在短短的五分钟之内既看懂文章又做对题。为此我特地去请教了我美国学校里的ACT科学考试三十五分的同学。他告诉我："你不要看原文，只看题就行了。"他拿过我的书，把题中的关键字圈出来，然后很快地在原文中把原文对应的段落画下来，而一般的题的答案就在这一段中。其实科学部门并没有什么特别的技巧可言，就是一定要强化这种对号入座的能力，再加上不断地联系就行了。

写　作

ACT的写作题目一般是比较实际的，比如说让你讨论学校新颁布的政策如何，比如说让你谈谈对于一个新法律的看法。唯一需要注意的就是一定要谈到相反的观点，不能够只说自己的观点而忽略了对方的观点。

SAT2成绩

SAT2的作用是衡量你在特别的科目中的表现，有各种科目可以选，相当于特定科目的考试。美国前三十的名校一般都会要求两门以上的SAT2成绩。

课外活动

在做课外活动上很多同学会有一个误区，认为课外活动是做得越多越好。实则不然，从各名校的招生官处我得知，课外活动需要三点：1.重点。即你需要有重点地去做活动，不能这里做一点，那里做一点。2.毅力。即他们希望看到你长时间地专注地做一项活动，比如我的一个朋友，三年在中国扶贫基金会工作过四百个小时，成为了他申请的一个亮点。3.成果。竞赛获奖，在各种场合表演等都是成果。

推荐信

如果有一个好的推荐人的话，推荐信能起到至关重要的作用。

文书：personal statement[1]和why essay[2]

文书就是把你自己展现给你所申请的大学的一篇文章。给大学的文书就像一封情书一样，你既要向这所大学展示你有多么优秀，又要表现你与这所大学的风格是多么搭调。而文书的素材则是你曾经做过的事情。可以是义工、旅行、社团活动、兼职，也可以是课内的东西。如果你认为在前十几年中没有做过什么特别有意义的事情，就一定要开始规划，在高中三年中抓住机会，做这些事情。

我对所有人的建议都是“文书一定一定要自己写”。中介可以帮忙

---

[1] 个人陈述。

[2] 关于为什么选择这所大学的文书。

改，但是题材和文字一定要是自己的。我自己也有拖拉的经历，会把一些小的why essay放到最后一天赶完，但是最重要的personal statement我起码改了二十多遍。千万不要觉得一边准备考试一边弄文书没有时间，因为文书实际上是一个回忆和总结的过程。走在路上都可以想想自己在过去做过的事情。建议从八月份就开始写初稿，然后不停写，不停改。

南加州大学中国方面招生办人员Megan在十一学校做介绍的时候曾说道："大学申请就像造一座房子，成绩是你的地基，没有它不行，但是你见过只有地基的房子吗？"

当时我的心中浮现出这样的画面：有了SAT、ACT和平时成绩的地基，再往上慢慢地加课外活动、志愿者、校外工作经验还有个人陈述与推荐信，这样就造出来了一座金字塔，塔尖越高，够到的学校也就越高。

没有基础，金字塔是盖不起来的，但是如果只有基础，金字塔也不会高。美国顶尖大学的衡量标准实际上是在看一个学生的潜力，看他是不是潜力股，以后能不能为学校做贡献。那么，有基础是不够的，名校在国内召开的各种招生说明会我几乎都去过，而且由于这些招生会都不是经过中介来的，一般是从学校官网上看见或是通过高中的国际部的老师那得知。去的学生和学生家长大多是有美国背景的国际学校的学生们，就连这些国际学校的学生也会问道："What's the minimum score of your school?"（你们学校最低录取分数是多少？）一般招生官的回答都是："There is no minimum score,we view your application holistically."（我们没有最低录取分数，我们看你申请的综合能力。）

现在大多数想要出国上大学的人已经意识到了这个“holistically”（全面性）的问题，所以当中介在刚开始对大家说“只要你考到这个分，我们就保你上这个学校”时，大家一定要明白：一、这样做对你所申请的学校的招生办来说，是不公平的。他们不只看你的成绩，而且还看你这个人其他的方面，其他的优点，但是你却把自己整个人完完全全地交给其他人来包装，这样做对你自己，对申请学校的招生老师来说公平吗？二、留学中介的这种承诺也是非常有局限性的。我的咨询老师Lee，曾经在波士顿大学和康奈尔大学的招生办都工作过，他曾经跟我说过：“如果你整体地来看一份申请，你可以知道这是他自己写的还是别人替他写的。”

而这种“全面性”的考察，自己能掌握的部分就是文书。

从我的角度来看，用中介并没有错，但是中介如果过度包装就不好了。好的中介应该是激发出你写文书的灵感，让你表现得更像你自己，让你更深入地认识你自己，而不是把你包装成跟别人一样的人。每一个人心里应该都会有记忆深刻的一些事，当写这些事的时候，心中就会爆发出一种力量，一种倾诉的力量，就特别想把这件事告诉别人。当有这种感觉的时候，就能写出好文书。

文书写作的几点：

首先，像你自己。这是最重要的一点，当我把我第一篇文书的草稿拿去给我的咨询老师Lee看的时候，他读完了文章，然后抬起头来，看我的眼神都变了。我很激动，因为我知道我写的是一篇非常诚实的文章，结果他说：“Excellent！”

后来Lee在跟我交流的时候说：“我们这些招生官，在看到那些夸夸其谈的东西的时候心中是很厌烦的。我认为你写的那篇是一篇‘super essay’(优秀文章)，因为那就是你，没有别人能代替你。”

如果不想让别人超过你，你唯一能做的就是像你自己。

南加州大学的Megan女士提到了2009年中国申请者有1300人，中间有400到500人写到的内容都是一样的：学钢琴的故事。

“小时候，我被抓到一个黑屋子里，然后爸妈告诉我这是钢琴。”

“接下来，我被迫天天练钢琴，我对此恨之入骨。”

“在我长大之后，有一次，我忽然听见了贝多芬美妙的音乐，于是我爱上了钢琴。”

她耸耸肩：“所有的人几乎都是这样写的，除了一个人。”

“这个人是这样写的：‘有一次，我在一次体育运动中摔骨折了，于是我回到家休息，感到特别的痛苦、郁闷……忽然有一天，我发现贝多芬在中年的时候变成了聋子。我和他有太相近的感受了，于是我开始听他的音乐，并爱上了钢琴。’”

很明显，后者比前者的内容更特别，更加清晰地将这个人的形象显现出来。

其次，想到你要给别人展示一个什么样的你。在我写文书的过程中，因为我从小就开始写日记，所以我不会写假的东西，写自己也是非常得心应手。但是我写作的风格是这样的：我不太在乎别人懂不懂我的意思，我希望读者跟上我的思维，而不是我努力向他们证明我的这个观点。但是这一套用在写大学申请文书中就非常不适合了。

我在写文书的时候，习惯性地用我惯用的那一类小说写法，有些地方写得自己都不懂，云里雾里的。一天早上我跟好友Sam用skype（网络电话，一种网络语音沟通工具）谈我的文书，Sam反映有很多地方他不明白我要说什么。文书是在很短的文字中体现大量信息的东西，所以最后我被Sam说服了，把我那些花哨的东西删掉了。当时东海岸是晚上十一点多，Sam和室友Tom都在宿舍里，Sam是我的好朋友，他在看我文书的时候能猜到我想表达什么，但是Tom是我根本不认识的人。每每在Sam看到一句意思不太清楚的话时他就会问Tom，这句话能够体现我的什么。Tom根本不认识我，所以他就实话实说：“这句话什么都体现不了。”然后我就删掉。

Tufts[1]的招生官说：“最好的看文书方式就是给一个认识你的人看，问他这像不像你，然后再给一个不认识你的人看，问这篇文章能够体现你是个什么样的人。”招生官对你并不是很了解，或者说根本不了解，文书就是一种让他了解你的方式，所以一定要想到他们看了会是什么反应。

why essay

Why essay是学生用来表达为什么要去这所大学的文书。耶鲁大

[1] 美国波士顿的名校塔夫茨大学。

学的前招生办主任曾经来到过十一学校做讲座，当时我的一个朋友就问了怎样写why essay的问题，他给出了非常简洁明确的方法：Make sure that the school can meet your academic needs;Let them know that you can meet their NON-academic needs;Tell them how are you going to use the local setting.（确保学校能够满足你在学术上的需求；让他们知道你在非学术领域也可以满足他们的要求；告诉他们你将如何运用你的本地资源。）

他举了一个例子：如果是一个中国农村的孩子申请耶鲁，那么他们就会担心他能否适应耶鲁的城市环境；而如果你生活在城市，你就需要告诉他们，你不会不适应，而且能够利用城市里的各种资源。

课外活动

中国学生会有一个误区，认为课外活动做得越多越好，其实不然。我建议延续你以前曾经做过的课外活动去做一些比较大的事情。比如你以前曾在扶贫基金会工作，这个时候就可以利用空闲时间参加一些去外地的比较大的慈善项目。这样的话既让人觉得你这件事做得有延续性，有能看得见的头衔。

我对申请美国大学的探索从2009年，就是我在美国的第一年就开始了。那时我想做个记者，然后我从网上查到哥伦比亚大学有最好的传媒学院，于是哥伦比亚的海报就上了我的墙。可是后来我发现哥伦比亚的本科压根儿就没有新闻这个专业，只是研究生的新闻学院很好，于是我陷入了一种迷茫。我不知道我自己想去什么学校。

实际上选校的问题一直就是一个对学生的大困扰。而很多人就选择略过这一步，选择看U.S.News[1]的排名，把前二十名的划为一档，再把二十到三十名的划为一档，接下来是三十到五十名的。这种方式在我看来是能够理解的。美国的学生能够亲自参观美国大学，但是我们哪来的时间和精力到地球的另一面去看看要申请的大学呢？那么我们应当如何做，去选择最适合自己的学校呢？

在介绍选择学校的方法之前，我认为必须先声明一个问题：排名的问题。关于排名——不要让大学选择你，你要去选择大学。中国的学生从小到大排名排惯了，在选择美国的大学上就非常容易去搜综合排名，我自己就曾经是一个经常看排名的人。但是当我到了美国以后，我发现非常少的人知道这种排名，而去年也是我妹妹莎拉申请大学的年份，她也只是在被录取之后找出排名来当个笑话讲讲。在我上过学的两所学校中（一所基督教学校，另一所是爱荷华州最好的高中），大家似乎都不在乎排名。而当我回国之后，学校里请来了前康奈尔大学招生官Lee Askin。我在第一次去找他谈话的时候就提到了我对于大学排名的问题，当我们聊到一所大学的时候我的脑子里迅速地记起来这所大学的排名，并且得意扬扬地将它说了出来。可是Askin先生的反应却是：“天啊，不要去相信这些记者们写的玩意儿，它们完全不科学！”

[1]　美国的一个媒体，每年都会给出美国大学的排名。

关于排名，不要让大学选择你，你要去选择大学。

我曾经去过很多college fair（大学升学咨询会），几乎所有的招生官都提到了不要相信排名的问题，当我在申请美国一所非常好的文理学院Haverford College的时候，我看见在它们的网站上有着多所文理学院名校校长的联名信：

Haverford Affirms Independent Assessment in College Evaluation and Decisionmaking

A message from President Emerson

I, and the other undersigned presidents, agree that prospective students benefit from having as complete information as possible in making their college choices.

At the same time, we are concerned about the inevitable biases in any single ranking formula, about the admissions frenzy, and the way in which rankings can contribute to that frenzy and to a false sense that educational success or fit can be ranked in a single numerical list. Since college and ranking agencies should maintain a degree of distance to ensure objectivity, from now on data we make available to college guides will be made public via our Web sites rather than be distributed exclusively to a single entity. Doing so is true to our educational mission and will allow interested parties to use this information for their own benefit.

If, for example, class size is their focus, they will have that information. If it is the graduation rate, that will be easy to find. We welcome suggestions for other information we might also provide publicly.

We commit not to mention U.S.News or similar rankings in any of our new publications, since such lists mislead the public into thinking that the complexities of American higher education can be reduced to one number. Finally, we encourage all colleges and universities to participate in an effort to determine how information about our schools might be improved. As for rankings, we recognize that no degree of protest may make them soon disappear, and hope, therefore, that further discussion will help shape them in ways that will press us to move in ever more socially and educationally useful directions.

Haverford宣布在大学评选和决策中一定保持独立自主

源自艾默生校长

我，和其他校长们一样，认为学生们应当在申请大学时享有各种资源。

但同时，我们对于大学排名的单一的、偏见的方式抱有深深的怀疑。我们认为，这种对大学申请的极度狂热是一种错误的思维，它会导致人们认为教育上的成功能够被放入一个单一的数列。我们认为大学排名机构应该与我们保持距离，这样能保证它们的客观性，所以从现在起，我们给这些机构提供的数据也会向公众开放。这样做既是为了我们的教育事业也是为了让其他人能从这些数据中受益。

举一个例子，如果课堂人数是学生们关注的焦点，他们便会从数据中了解到课堂人数的信息。如果学生们关注毕业率，毕业率的信息也能够很容易地获得。我们欢迎你们提出各种建议。

我们承诺，不会让U.S.News和其同类的排名在我们今后的出版物上出现，因为这些名单误导了公众，致使人们认为致力于精密教育的美国高等教育系统能被略减到一个数字。最后，我们鼓励所有的学院和大学都参与到这项改进我们的信息上来，对于排名，我们承认，无论是怎样的保护措施都不能使它们消失。我们只能希望，更多的讨论将它们塑造得对社会和教育更加有用。

此外，排名高不代表难进，排名低不代表好进。许多学生和家长也许都会有这样的误解，认为排名高的学校就难进，而排名低的就好进，其实完全不是这样。美国的学校看得更多的是你这个人的品质，而非其他，所以如果它们认为你的品质刚好和它们想要的符合的话，这就是一所非常适合你的学校，对于你而言也就非常好进。

同时，你不知道的学校不一定不好。当我在Haverford面试的时候，我问了面试官一个问题："很多中国人都不知道Haverford，而你现在在中国，你认为这个学校的知名度不高对于你的就业有没有什么不便呢？"

她的回答是："的确，Haverford在中国并不有名，但是每一个聘用我的公司无不为我是Haverford毕业的而感到惊叹。"

她的话令我恍然大悟。的确，作为没有经验的局外人，我们的确是只知道哈佛、耶鲁，但是那些高端的公司，在与各种学校的毕业生打过交道之后，肯定是具有了一般人没有的判断能力，他们能够判断出来什么学校给学生以最佳的教育。

排名有用，但是不要让它成为你选择学校的唯一因素。我已经听过很多很多去美国留学的朋友跟我抱怨他们学校的位置和天气了，而像这些因素是排名所不能告诉你的。如果你习惯于住在热带，就不要去申请东北部的大学了，如果你习惯寒冷，那就远离加州。如果你不信教，就千万不要去申请排名很高的教会大学。四年不短，不要觉得自己会慢慢习惯，因为远离家乡本来就是一件痛苦的事情，如果再到了一个自己完全没有预料到的地方就更惨了。排名不会把你的个人因素考虑在内，所以我的建议是：把排名利用起来，当作一种资源，但是一定不要完全看排名，不然你的四年很可能不如你所想的。

因为每个人，都值得有二次机会

——如果你这次考试没考好，你就完了。

——如果你这次听写没听好，你就完了。

——如果你高考迟到了，你就完了。

——如果你没有把握住这个姑娘，你就想着打光棍儿吧。

——如果你没考上公务员，你就别回家了。

——如果你进了一次局子，你就别想体面地混了。

——如果你离过婚，你就别想再找到好的了。

所以我们从来都很害怕、很焦虑。因为从小我们就被告知我们只有一次机会，搞砸了就完了。听写就一次，中考就一次，高考就一次，毕业了以后面试就一次，结婚就一次，孩子的教育就一次。在成长过程中，当我们在面对每一件事情时，似乎总会有个声音告诉你——一失足，总是成千古恨。

是因为我们从小就被这样教育，还是因为这个社会真的是这样运作的？如果我们能够宽容他人，给他人二次机会，那么这个社会，人与人之间的关系会是如何？

有一次，我的论文得了C，我挺难受的，觉得这门课GPA就这样毁了。然后教授给我发了封邮件："你如果不明白上课的内容，我可以给你补习，你的英语表达有问题，请去学校的写作中心，那里有免费的辅导。为了给你另一次机会，请你重写一遍你的论文，我会重新给你一个成绩。"

我很愧疚，因为我的论文是在截止日期前一个小时赶完的，而且当时我还急着出去玩，最后读都没读一遍。可是我也明白，在我们学校，我永远有二次机会。

相比起规模宏大的大学，只有几千人的文理学院就显出了它的优势：你不用着急，不用总是和别人头撞头地去竞争，因为无论你犯了什么错，你都能被原谅。所以我们学校里大家都相处融洽，和谐一片，每天开开心心并无忧愁。

可是，当我们学校的这些学生出国交流回来以后，便跟我们说："外面的世界太残酷了，在伦敦政经，教授都不知道你的名字，别说给你补习和再看你的论文了。"在外面的世界，你似乎需要一次成功，因为竞争激烈。

美国和中国的一个很大的差别就在于美国给许多人二次机会。当然，资源多，有钱的小学校可以照顾到每一个学生，从衣、食、住、

我在美国遇到很多人，他们在年轻的时候都做过错事，可是在中年生活却总能步上正轨，这恰恰显示了美国社会的宽容。

行到心理健康，可是庞大的大学就只是学生在那里上课的地方，资源需要去与人竞争得到。但是我在美国感到的更多是一种宽容之心：为什么他不值得有第二次机会呢？每个人都有犯错的时候，如果别人能原谅我，那么我也能原谅别人。

在国内上高中的时候，每次考试拿到卷子我都紧张得手抖，心跳加速，因为我知道就这么一次，考好了全家都开心，考不好就会拿着卷子大晚上在街头打转不敢回家。尤其是中考的时候，交上卷子那一瞬间忽然想起来有一道三分的题做错了，然后头晕眼花、呼吸不畅恨不得马上在这个地球上消失，可是当我考美国高考的时候我一点儿也不紧张，因为每个月都有好几次，想考多少次考多少次。你心里有一种安全感：You know that you are gonna be OK.

我在美国遇到很多人，他们在年轻的时候都做过错事，可是在中年生活却总能步上正轨，这恰恰显示了美国社会的宽容。美国人对死刑的辩论一直很激烈，在1966年的时候反对处决死刑犯的人数竟然超过了同意的人数，更显示了他们对于人性的信任。我的一个同学未满二十一岁喝酒被抓了起来，在警局留下了记录，可是这记录是可以消除的，他一直在做社区服务，并且一年内滴酒不沾，于是现在他的记录已经被消除了。我想，他以后会更小心。

在美国大选之后，中国的媒体铺天盖地的都是：败者罗姆尼。两次失败政治生涯估计完蛋了，在中国人的心里他失败了，他就是逃跑的“寇”，就是抬不起头来的一个影子。可是美国人却不这么想。是保守党的仍然是保守党，喜欢罗姆尼的照样会支持他、关注他。没有媒体说他失败两次，便是人生的失败者，他以后愿意做什么照样可以去做，没有人因为他失败了而戴上有色眼镜去评判他。

毕竟，他回到家里，还有着五个儿子、十八个孙子的温暖家庭，他的妻子会告诉他：“我相信你，你还会有机会的。”

东海岸的贵气，中西部的野性，中国人的焦虑

东海岸：成功靠校友、家族；中西部（注意不是西部！）：我们是“self-made men”；中国：我们把孩子送出国，但是我们不知道他们要学什么、做什么。

在东海岸上学，每当我提起我曾经在爱荷华州住过一年时，我那些从波士顿、费城和纽约来的同学都会非常惊讶地望着我，迷茫地问一声：“Why?”东海岸的人称中西部为“fly over country”（飞机飞过的国家），意思是他们觉得中西部和东西海岸不是一个类型的，而他们对于中西部的了解仅停留在飞机飞过的分上。当中西部的人听到东海岸时，会慢慢地从鼻子里哼出一口气来：“well, they are not like folks’ round here!”

如果不是先在中西部的爱荷华州的一个美国家庭中生活过一年，

又在东海岸的一所文理学院读书，我想我也是很难看出来个中端倪的。就像是美国人，到了中国的沿海地区，又到内陆地区逛了一圈，的确可以看出风光的不同，可是要让他真的说出不同地区之间人的不同也是很难的，况且美国地域上的贫富差距远没有中国那样明显。东海岸是英国清教徒最先来到的地方，他们从英国来到东海岸是为了政治避难，所以大部分都是有知识有抱负却受尽欺凌的教士。这些人保留着英国的传统，英国的生活习惯，还有英国的价值观念，这些我们现在在新英格兰地区都还可以看见。

那些东海岸历史比较悠久的学校，都还保留着以前的那种常青藤布满红砖墙的校园布置，还有兢兢业业的学术传统。东海岸的大学，曾经都是给贵族男性开的教会学校，所以很多时候被美国平民认为是一种贵族的享受。我在爱荷华州的一个好朋友，克里斯汀娜，是一个令人羡慕的美国女孩儿，家里条件很好，爸爸斯坦福毕业，漂亮的房子，紧密的家庭，听话的妹妹。但是这次从东海岸回来再见到她，多了一种眼光，发现也许典型的美国女孩儿是有地域之分的。而东海岸和中西部的文化差异真得是像中国南北的文化差异一样大。我们说到Haverford，一般中西部的人都不知道，但是我们提起了学费，告诉克里斯汀娜一家Haverford的学费之后，他们就都明白了：“Those private,expensive east coast prep colleges.”(那是东海岸私立的、昂贵的大学预科学校）大多数美国人不知道很多文理学院的名字，但是只要一提起整个文理学院的类别，大家立马就能知道是什么。

文理学院基本上是一种东海岸新英格兰地区的特色，保留着以

一个美国同学的家。她的父亲不是那种继承上辈财产而富有的人，而是通过自己的努力，不断接受教育，一步一步获得了现在的富有。

前从欧洲带来的悠久传统，提供一种贵族化的精英教育。在刚回爱荷华州的时候，我还跟人描述Haverford，但是后来都不太好意思跟人说到“liberal arts college”（文理学院）、“private”（私立的）、“east coast”（东海岸）这几个字眼，因为这几个词整个就代表了一种上层社会的优越感。而且在美国人看来，很多这些大学的名字一听就非常“东海岸”，我的一个中西部的朋友第一次听说我去Haverford的时候曾经说：“Sounds fancy, very east coast.”（听上去很高贵，很东海岸），我很奇怪，因为我不明白他们怎么能从一个名字中听出来“高贵”或者“平凡”，后来我明白，这大概就是像中国人在听到一个老北京姓“金”一样，马上就觉得是皇室的人。

好，回到克里斯汀娜家的餐桌。我们一边吃饭一边聊天，晚饭是牛排、香蕉面包、土豆泥和沙拉。桌上有黄油和牛奶，非常中西部。我们聊到爱荷华最近的caucus[1]，我把我坐在保守党候选人Romney儿子身边的事告诉了他们，然后我说："很奇怪，当时我看到他，我就觉得他是东海岸来的，但是我还不是很清楚怎么判断一个人到底是来自东海岸还是来自其他地方。"克里斯汀娜妈妈说："如果一个人一见面就问你在哪里上的大学，那么他是从东海岸来的；而如果一个人一见面就问你是做什么的，那么这个人则是从中西部或者是西部来的。"

我仔细想了一会儿，真的是这样！比如说美国的爸爸，他从来都是对陌生人伸出手去，然后问："你是做什么的？"我在爱荷华，密歇根、芝加哥的时候，所有人都问我的是"你是做什么的"、"你爸妈是做什么的"而非"你去什么学校"，但是去好友波士顿的家过感恩节的时候，真的是一进门大家就问"你是哪个学校的"，在介绍我的时候他们会说"Gogo在Haverford上学"、"Good old Haverford"，而不是像中西部人介绍"Gogo来自中国，她现在在美国上学"。

而且当我在波士顿的时候，我们在餐桌上吃饭，大家讲到的都是自己打着长曲棍球，穿着牛津鞋抱着一摞书的东海岸大学时光，什么

[1] 保守党的党团会议。

文理学院，小而精，基本上是一种东海岸新英格兰地区的特色，保留着以前从欧洲带来的传统。

Tufts[1]啊，MIT[2]啊，全都是大学、大学、大学。

因为在东海岸，大学为你建立的关系是非常重要的，所以一个人一生都跟自己的大学时光有很多联系，而在中西部的州立大学里，大家毕业了就毕业了，跟大学联系不紧密。后来如果成功，很多都是靠自己。东海岸的私立大学为学生建立了非常好的关系网，这是毋庸置疑的。比如Haverford，40%的人拿奖学金，那么剩下的60%不拿奖学金的都是每年出得起五万美元的家庭。而且作为一个小的文理学院，知道这个学校的基本上都是在这么一个上层社会圈子里的人。美国好的私立高中和大学几乎一样贵，所以这些学生从小到大都是私立

[1] 美国波士顿名校塔夫茨大学。

[2] 美国波士顿名校麻省理工大学。

学校，一直到大学。他们家庭的财富，都是比较可观的。我的一个好友曾经跟我说：“如果我爸爸那里有一个空出来的实习岗位，而你需要的话，我肯定能让你去。”

是的，这样的事在爱荷华州立大学也会发生，但是在东海岸，大部分人根据财富和家庭地位去非常不同的学校，而在这些学校，大家对于自己的朋友很有安全感，因为家庭条件基本上是相符的。东海岸这样的学校比比皆是，除了常青藤、文理学院以外还有很多历史悠久的名校，比如Tufts、Boston College[1]、Boston University[2]等。

那么这些校友关系能够紧密到什么地步呢？Haverford因为人本来就少，所以校友关系尤其紧密。我有一次在国际学生的聚会上面表演了个节目，后来下来跟校友会的总管聊天，他问我想做什么，我说：“没想好，可能金融。”然后他说：“那你得早点开始啊，这个暑假就要开始实习，这样好了，我们有一个校友的父亲是一个在中国的企业家，我把他的Email给你，你给他发邮件，我相信他会帮助你的。”我回去一查，吓了一跳，是一位很牛逼的中国企业家。于是我给他的孩子发了邮件，没想到当天晚上就回了，而且回得非常多，内容之详尽令我都感激涕零。我们刚进学校就被教育，要利用校友的关系，无数次都在说“从校友通讯录里找你愿意联系的校友，然后放心

---

[1] 美国名校波士顿学院。

[2] 美国名校波士顿大学。

在东海岸，大学为你建立的关系是非常重要的，所以一个人一生都跟自己的大学时光有很多联系，而在中西部，大家毕业了就毕业了，跟大学联系不紧密。

大胆地去联系他们”。

记得Wentworth Miller[1]说过，他普林斯顿毕业之时，想进入电影行业，于是去校友办公室，人家递给他一份薄薄的册子，他当时一看就疯了，因为普林斯顿在电影行业的校友太少了。而在中西部，大学给你提供教育，但是不负责这个名字给你带来的其他附属品。美国的妈妈是在东海岸长大的，但是在密歇根州立上的大学，后来又到俄亥俄州读了法学院。她告诉我，在密歇根州立读大学时，她的实习全是自己找的，而且她到了大四才开始实习。她说在她所知道的中西部大学，很少有学校组织的校友联谊会，中西部的人似乎不太在乎，他们更相信自己的能力，而非家族和学校的关系。可以说，中西部长大

[1] 文特沃斯·米勒，美国著名男演员，曾出演《越狱》。

的美国人大多有这样一种保守党的思想——我自力更生做我自己的事情，政府没有理由来将我的成果夺走，我如果努力了，有钱了，我的目的不是给我的后代提供一个优越的、不用工作的环境，而是一种拓荒、创新、兢兢业业的精神；所以我的孩子从小就要努力工作，像其他没钱人家的孩子一样。

我的好朋友在爱荷华的高尔夫俱乐部工作，在那里她负责做汉堡，和在麦当劳工作没有什么区别。和她共事的学生们全都是家里非常有钱的孩子，但是他们仍然在做着每小时十美元的低廉工作；而在东海岸，情况就大不一样。

我的朋友A，他妈妈是一名医生，离了婚带着三个孩子，收入不少，但是不会非常多。她一个人非常辛苦地让三个孩子全去了昂贵的私立高中和著名大学，但是从不让他们工作，这是典型的东海岸elite思想。而东海岸的人却有着很不一样的想法，我在美国家庭寄宿的妈妈，小时候在宾夕法尼亚州的一个富裕律师家庭长大，她说在东海岸，人们对于她的期望是“不要工作”，在她的私立高中里，打工被看作一件比较耻辱的事情。我想到以前在北京认识的那些东海岸私立高中里的学生，即使是家里条件不怎么好的，也都不打工。而在爱荷华这里，我们私立高中里有许多当地非常有钱的孩子，他们和其他人一样在麦当劳和沃尔玛做临时工。

再举个例子，E，来自爱荷华州，父亲是牙医，母亲也是医生，家里每年挣得能有五十万美元，非常富裕。他去了便宜的州立大学，学了一个“体育播报”的专业，出来后找不到工作，现在在圣路易斯的一家星巴克卖咖啡。他辛辛苦苦工作，自己租了一间小公寓，父母一点也不管，一分钱也不给。

这样的例子在中西部非常普遍。我一个好友Courtney，父亲拥有整个爱荷华州所有的麦当劳，而她却在其中的一个麦当劳卖汉堡，拿每小时七美元的工资，开着二手车，却住在父母家有着喷泉、花园、游泳池的房子里。在中西部，大家的价值观是“self-made men”（自己成就自己的人），就是说不靠家庭支持自己成就一番事业的人是模范。相比起中西部，东海岸的有钱人有很多是继承家中财产的，所以他们有一种上层社会贵族式的对于简单劳动的鄙视。

而在开发较晚的中西部大平原，农场主们认为简单劳动是每个人必备的品质，所以他们非常重视在这一方面对于孩子的培养。东海岸在衡量一个人方面，更多是学历、素质、礼仪、家族。我在东海岸的朋友M，出生于新泽西州的律师家庭，两辆奔驰一辆宾利，我去过他的家，放着华尔兹，有书房、电影院、舞厅、电梯、健身房、桑拿房。对于他而言，生活就是去做自己愿意做的事情，而学习是因为乐在其中。M学习非常刻苦，是因为他“喜欢”，是因为“我享受读书，我享受思想上的挑战”，而非“我要找个好工作”，这种思想在东海岸的私立文理学院里非常占统治地位。

在Haverford，我们是不会讨论成绩的，因为“没有意义”。学习不是为了成绩，而是因为这是高素质的人类的一种自然需求，所以在文理学院中，没有和以后工作有直接联系的那些专业（如商学、会计之类），而是纯文理（如文学、哲学、数学等基础学科）。而在大多常青藤大学里，本科教育也都是文理学院的教育（即纯文理），而到了研究生大家才决定以后做什么。所以在东海岸的很多私立高中里，那些讲课非常引人入胜，气质十足的老师都是拿着不多的教师工资，但是能轻松地全世界到处飞，住在宫殿一样的房子里，过着上层社会的生活的人，而这样的事在中西部基本上是见不到的。教育更多的是为了找到好的工作，努力得到好的生活，而不是保持一种贵族的高素质，自由地在学海里徜徉。

那么，哪一种更为中国化呢？其实，东海岸的这种贵族式教育和中国传统的贵族教育很相像。孩童们受教育，是为了成为更好的贵族，而不是为了能够谋得生计。就像我在爱荷华的朋友不明白长曲棍球、壁球、板球、划艇这些在东海岸历史悠久的运动的意义一样，古时勤劳的中国农民也不明白蹴鞠的意义何在。

可惜，我们没能将这种中式的贵族式教育延续下来，那么我们是否又有这种中西部的拓荒精神呢？好像也很难找到。中国的问题在于：社会没有多元的标准，每个人都焦虑而自卑，不知道最好的、最适合自己的是什么。我写这篇文章的时候，完全没有想过哪种生活方式是好的，到底是东海岸充满古老贵气的方式，还是中西部的那种对自然的热爱，对生活原始的热忱，对“self-made men”的向往，甚至是我在这篇里没有讲到的：西部的探险精神。

在当下的中国，没钱人想变成有钱人，有钱人想把孩子送出国受一种自己也不知道好还是不好的教育，最后回国来完全不知所措。我欣赏美国人的是他们这么一种对于自己本身价值的认知，他们知道自己是谁，想要什么，应该做什么，不会没有头绪地随着大溜到处乱撞最后头破血流地来抱怨社会。

在美国，他们有一种“我自己做选择，我坚持我的选择，我不后悔我的选择”的概念，并不是坚持这种概念来生活，而是这种概念本身就在他们的骨子里，抹不掉的文化副产品。

一位曾在Haverford读过书的中国朋友说申请实习需要写一篇关于他为什么想做金融的文章，而他完全不知道自己为什么要做，所以无从下手。多少在美国的中国学生也是这样的？太多太多了。

在没来Haverford之前我也很迷茫，我不知道我到底是该怎么做才是对的。但是来了之后，联系上了以前交流的经历，一切就像串起来的珠子一样。发现自己慢慢地习惯了这个成熟的社会，明白了自己想要的是什么，快乐地读自己感兴趣的书，和朋友们讨论，然后提前一个月开始写期末论文，因为自己想交上去最好的作品。在中西部和东海岸的价值观中，我更倾向于东海岸的观点。

自己开始发现学习的乐趣，发现每个人都有他们的路，我们何必相同。很多中国同学说，如果你学习不是为了钱，以后没有钱，你怎么能快乐。为什么不能？钱不是目的，而是手段。你快不快乐不是由钱的多少来衡量的，而是由你如何看待钱来决定的。东海岸的文理学院教育我：受到一种贵族的、私人化的教育是为了让你能成为一个更加优秀而完整的个体。

那么即使我以后没有钱，我照样会大量阅读，以相对便宜的方式周游世界，试图以不同的方式去看世界，每天写出自己满意的东西。

在美国，他们有一种“我自己做选择，我坚持我的选择，我不后悔我的选择”的概念。

这样的生活带给我的享受要比开比别人好的车带来的快感更加强烈。但是现在中国充满了这么一种焦躁的情绪。没有人有安全感，大家不知道自己为什么快乐，为什么不快乐。写这篇文章，不是为了批判什么，而是想问“我们缺了什么，让我们如此焦虑”。

为什么美国人可以在同样的社会地位上有截然不同的做法，而自信满满，而我们处在迥异的地位，却都想用一样的方式，去得到一样的东西。我们每一个人需要的不是谩骂，不是仇富，不是天天说这个拜金，那个“高富帅”、“美富白”，也许我们需要的只是一个安静的晚上，一张白纸和一支笔，写一篇给自己的信，问问自己的内心：我到底是谁，我到底愿意在这个世界上，留下什么样的痕迹。

后　记

一个羊角面包的故事

美国有一种食物，叫作：奶酪、火腿、鸡蛋和羊角面包。

羊角面包是一种法式食物，但是三明治的夹法却是完完全全的美式夹法。当我法国室友看见我手里买来的羊角面包的时候，她摇摇头："只有美国人才能做出这样的食物。"

高中在美国交流的时候，每周日从教堂回来之后我们都出去吃饭。第一餐，墨西哥餐；第二餐，意大利餐；第三餐，中国饭；第四餐，韩国烤肉。

我问我的接待家庭："我们什么时候能吃美国菜？"美国爸妈面面相觑："我们平时就吃这些，我们也不知道什么是正宗的美国菜。"

所以在美国能够看见世界各地的移民，白皮肤、黄皮肤、黑皮肤，却都有一个名字叫作"美国人"。每个民族不同的食物，经过改动，就全变成了美国菜。每个民族不同的音乐，将这些元素混在一起，就成为了美国流行音乐。每个民族不同的意见，经过全民的投票，变成为了举国的政策。美国对于我而言的神奇之处就在这里，这个国家神奇地将许多看上去不可能交集的文化糅合在一起，创造了一个共同的身份。

在我高三的时候我曾经在美国中部爱荷华州的小镇交流一年，与一个美国家庭住在一起。这个家庭给我非常大的影响，以至于我一直以来在美国填的家属栏里都是我美国父母的名字。一个刚刚从中国高中教育体制里被拉出来的女孩被放在一个美国学校和美国家庭里。我对自己的国家还不甚了解，却又去了解一个新的国家，这种文化的冲击是双重的。一方面我对于很多事情的认识都是到了美国才开始的，根本就没有接触过中式的版本，而另一方面我中式的思想却又根深蒂固，无法接受美国人的想法。就这样挣扎地过了一年，其间换了学校，经历了多次和我妹妹从开不开车窗到谁做家务这类的争吵，写了一本在2010年年底出版的《体验美国中学教育》，这大概是我对美国初期阶段的认识。

接下来是我回到十一学校的一年，这一年虽然是在国内申请，但是我对于美国的了解却更深了。就像是倒了个个儿来，是在国内了解中国，却同时又能把这体验与我在美国的经历进行对比。在这一年里我去了几乎所有在北京举行的大学招生见面会，见到了各所大学的招生官，也对于美国的教育有了更深的理解。而学校里请的前康奈尔大学招生官Lee先生也给了我不少的帮助。我们经常坐在一起，谈天说地，他告诉我他在天坛所感受到的从未感受到的宁静，我告诉他我在美国基督教家庭里生活对于宗教内心的挣扎。同时我还找到了两份教中文的工作，在教中文的过程中和我的学生们也经常交流住在东西两边的心得。

来到Haverford之后，我顺利地融入了这个环境，因为前面两年的基础已经让我很熟悉美国的环境了，但是很快我又发现这里的环境和美国中部是完全不同的两种文化。Haverford是一个非常东海岸、非常小的文理学院，有着一种“为学习而学习”的精英思想。而不管学校里的人承不承认，我的同学们大多数都来自美国前的1％的家庭，所以整个学校非常不具有代表性，却又完全代表了美国的精英阶层。我一度觉得Haverford太小、太学术，每个人都衣食无忧满怀希望地努力学习，很少有人有着那种从底层走起的“美国梦”的想法，让我觉得非常不习惯。可是待久了以后却又发现也正是这种思想让这个群体非常特别。而我也有了一群非常好的朋友，便抹消了转学的念头。

在大一结束的暑假，我自己一个人去了夏威夷，在夏威夷的几个青年旅舍里度过了美好的二十天。我热爱夏威夷，它是那么美国化，却又那么非本土。那里的人不认为自己是美国人，但是作为一个亚洲人，我又能够去和夏威夷人平等地对话（他们对亚洲人没有敌意），所以夏威夷也成了我了解美国很好的一面镜子。这次独自旅行让我爱上了单独旅行，于是我在秋假的时候又自己来到了迈阿密，彻彻底底体会到了这里的浮华和疯狂。

我写美国，因为我热爱这个国家。我的另一个家庭（爱荷华州的家庭）在美国，我的好朋友们有很多是美国人。更重要的是，了解美国让我更好地来了解中国，了解我文化的根。